本 土 设 计 IV

LAND-BASED RATIONALISM IV

崔愷 著

CUIKAI

中国建筑工业出版社

China Architecture & Building Press

序

崔愷是一位杰出的建筑师。对他的作品和职业生涯进行评述和总结，不仅对建筑师、建筑学子乃至建筑界有所启发，而且让社会大众看到一位建筑师的成功之路。在这篇序言里，我想谈谈他成就背后的关键因素。

其中最重要的一点，是他作为建筑师，从不局限于项目本身和业主的要求，而是力求提供超出业主和项目预期的解决方案——具有这种精神的建筑师并不算多，能做到的则少之又少。也正是这样的理念，成就了崔愷一系列独特的作品。如今，崔愷更进一步，在可持续发展的背景下将绿色设计贯穿于整个项目之中。他认为，绿色建筑和基础设施的建设是中国建筑界的当务之急，也是全世界建筑师应当着力解决的问题。

崔愷希望，他设计的绿色建筑，能够重塑我们的城市空间，让我们生活的环境更加美好——让那些衰老的城市因为绿色改造而焕发青春，让那些年轻的城市因为绿色设计而焕发活力。他说，这个梦想的实现并非一朝一夕之事，但值得广大建筑师为了人们的美好生活和地球的美好环境而不懈努力。在他看来，建筑行业对绿色设计的关注和践行有些为时已晚：绿色建筑的概念已经谈了很多年，但中国建筑界对它的关注仍显不足——在中国，大规模建设的阶段已经进入尾声，在某种程度上错过了绿色设计的最佳时机。但他相信，未来的城市更新和乡村建设中还有大量绿色建筑的用武之地。他认为建筑师应该把握住这样的机会，坚持不懈地为之努力。我想，我们应该可以达成这样的共识——建筑师亟须转变思想，了解生态科学，而生态知识也应当纳入建筑教育行业的课程体系中。

在当前中国建筑行业的背景下，文化的传承一直是崔愷在设计中非常重视的方面。与此同时，他对于项目的生态因素也倾注了很大心血，试图在设计中解决人类、文化遗产与自然之间的复杂关系，同时坚持不懈地将中国古代哲学融入对全球环境危机的关注与思考。他希望自己的设计关注环境与文化，既传承过去，又面向未来。

想要理解崔愷在建筑上的成就，就不得不追溯到他早年对建筑的兴趣——显然，他对建筑的热爱在童年时代就已经萌芽，开启了他的建筑师之路——崔愷自幼热爱绘画和艺术，想要成为建筑师。在中学时代，他的工程师父亲常会将自己的建筑师同事介绍给他认识。在与他们的交流中，崔愷了解了建筑设计与艺术和生活的关系，从而更加向往建筑学专业。小时候，崔愷居住在北京故宫附近，那时的他常常喜欢爬上景山登高望远，在山顶俯瞰壮美的故宫景色——那一片金黄的屋顶、红色的宫墙、绚丽的彩画和神秘的空间，让他从小就深深迷恋和无比自豪。这段儿时的经历，也对崔愷日后选择建筑师职业产生了重要的影响。

而后在天津大学建筑学专业的学习，是崔愷的青年时代里对他建筑师生涯影响最为深远的一段经历。尽管在"文革"之后的一段时间，学习资料相对匮乏，学习生活的条件相对简陋，但大学老师们手把手地辛勤教育，为他日后出色的建筑设计奠定了良好的基本功。在这样的环境下，崔愷养成了潜心学习、勤于思考的习惯，打开了广阔的专业视野。

在他职业生涯的各个阶段，都有突破性的作品问世。这些作品如同一个个重要的里程碑，串起了他卓越的建筑之路。第一个是1992年在西安建成的阿房宫凯悦酒店，这是崔愷第一次设计担纲主创的大型复杂建筑，当时的他在深圳工作，往返香港非常方便，在高端酒店设计方面获得了大量的一手资料，并深入理解了现代建筑空间组织的逻辑关系，对当代建筑美学以及高品质设计施工等方面也有了更多的认识。另一个重要的项目是北京的丰泽园饭店，崔愷面对历史城市复杂的文脉关系，开展了城市更新的研究。另外在外国语教学与研究出版社项目中，他将建筑和城市空间的美学和东西文化交流的主题融入设计；在德胜尚城办公小区设计中，他又研究了北京城市传统空间肌理在现代建成环境中延续的可能。再如安阳殷墟博物馆的项目，让崔愷对文化遗产有了更深的认识；敦煌莫高窟数字展示中心的项目，让他对自然环境、大地景观和艺术之间的关系有了更为深入的思考。而海口市民游客中心那一片木屋顶下的开放空间，则标志着他在可持续设计方向上开展的新探索。然而最让他感到喜悦和引以自豪的，是新近落成的成都天府农业博览园主展馆的五个展棚。这些展棚凝结了他在乡野中劳动时结下的情缘，折射着他对田园式城市未来生活的憧憬。这个项目可以视为他对当地自然环境和景观的积极响应，其气候适应性设计充分尊重了当地独特的风景，并倡导人们采取健康的生活方式。

在崔愷看来，作为一位建筑师，面临的最大困难往往是建筑完成度的不足，而这种不足通常源于各方利益诉求的差异。他说，几乎每个项目都会多多少少碰到这个问题，但这也恰恰对建筑师提出了新的要求——用扎实的设计发挥更为巧妙、积极的引导性，以便在相互矛盾的多方利益冲突中取得平衡。在设计生涯中，崔愷最为优先考虑的因素并不是一成不变的，而是随着设计所面临的挑战和他职业生涯的阶段而变化——这样的变化，通常是因为各个项目关注点的不同，以及社会发展状态的更新。他在本书中所展示的建成项目，体现了他对当下绿色建筑的关注与思考。

崔愷说，他曾仰慕过许多位建筑大师，对他们的设计手法的学习和设计策略的研究，都让自己获益匪浅。然而，他认为对自己的设计最为显著、系统的影响，来自世界各地看似平凡的民居——这些各具特色的民居因其所处环境的地理条件、文脉背景、文化符号各不相同，采用了不同的建筑语言。其中许多都可以称为没有建筑师的建筑，然而它们却充满了民间的智慧，拥有内生的活力。他的建筑实践中，也贯穿着这样的"本土设计"理念。

在崔愷的眼中，如果可以重新来过，很多项目还可以做得更好——他说过，几乎每个项目都有遗憾，在建筑师的眼中更是如此。他是一位完美主义者，在他看来，项目的设计理念、设计方法、施工质量和运营状态中的某个或某几个方面，依然存在提升的空间，比如一些项目应该投入更多的精力去营造绿色健康的生活方式。

我曾问他，是否还有某个心心念念想做的项目。他谦逊地说，他并不是一个心中有高远理想的人，但他对每一个经手的项目都怀有梦想，如果梦想能够实现八成，便感到欣慰。当我向他询问事业成功的秘密时，崔愷谈到了对一切事物抱有的开放心态、真诚善意和浓厚兴趣；对人类经验的好奇心，还有对生活敏锐的观察和记忆，也都滋养着他的职业生涯。所有这些因素交织在一起，铺就了他卓越的建筑师之路。

对于当今国际舞台上的中国建筑师，崔愷也抱有殷切的期望。他说，中国有一大批才华横溢的青年建筑师，希望他们的作品能够更多地登上国际舞台，彰显中国建筑的进步。同时，他还希望有越来越多的执业建筑师能够投身于绿色生态人居环境的营造，中国建筑界的全面提升更有赖于此。

我想正是以上的种种，成就了这位独特而优秀的建筑师。他所创作的大量优秀作品，便是他这些精神与抱负的佐证。

杨经文
2022年4月

PREFACE

CUI Kai is an exceptional architect. A critical review of his work and career is crucial and relevant for not only our community of architects and students, for those in the building industry but also for the public at large, to enable all to understand what makes him what he is today? Discussed here are some of the key factor that led to his many achievements and to his immense success.

The most important aspect is his ethos to have a vision beyond each project's brief and the client's brief and to provide design solutions that reach beyond his client's and the project's expectations. Few architects aspire to do this or even less are able to do this, and it is this ethos that explains the uniqueness of CUI Kai's works.

In CUI Kai recent work, he further reaches out to address issues of sustainability acknowledging that designing and delivering green architecture and infrastructures are the most compelling issues that he, all architects in China and in effect all architects worldwide must address.

CUI Kai's aspirations for green architecture are for the benefit of the urban environment and for the need to revitaliize and remake our existing urban realms, especially those cities that are ageing to make them be green and sustainable and he asserts that this aspiration must similarly apply to the newer cities that are being built. He however acknowledges that achieving all these will not be easy nor be done overnight but he asserts that all architects must be committed to this goal for the benefit of humanity and for the benefit of the planet's natural environment.

CUI Kai asserts that the profession has taken far too long to get to grips with sustainable design. He believes that although the concept of sustainable design has been much talked about for many years, the architect community in China has yet to give more concern snd attention for it. He points out that in China today, the period of massive construction is drawing to an end, and the best chance fo achieving sustainable design in the urban environment might have somehow been missed over that period. Nevertheless he believes that future urban renewal and future rural construction in China will provide the potential for sustainable design. To achieve these we might contend that it is crucial to concurrently retrain and change the current mindsets of the architects community today to be knowledgeable in the science of ecology and that schools need to include ecology in their curriculum.

Within the context of Chinese architectural design, CUI Kai puts cultural heritage first. However he is at the same time deeply concerned with lecological considerations and he is seeking to address and resolve this existent conflicting relationship between humanity, its cultural heritage and nature, while concurrently inclusively consider the ancient Chinese philosophy together with concerns for the current global environmental crisis. He sees his design work to be both environmentally and culturally focused while at the same time future-driven. .

In understanding CUI Kai's significance, we need to delve into the origins of his early interest in architecture and his development as an architect.It is evident that from young he had always wanted to be an architect, beginning with a keen early interest in art and in drawing. His early interest in architecture further developed in his middle school years when his engineer father would introduce him to his many architect colleagues who helped CUI Kai learn about the significance of the links between art, life and architecture. From those moments onwards he developed a strong affinity in architecture.

An important early influence was from his living near the great Forbidden City of Beijing. He would climb up to the top of the Jingshan Mountain that lies at the north of the Forbidden City and from there he would peer down to the magnificent palaces below with their golden roofs, red walls, colourful frescos and intriguing spaces that deeply fascinated him and which altogether engendered in him an immense sense of pride.

The most important early influence in his early years was when studying architecture at Tianjin University. Despite the scarcity of learning material and despite enduring the relatively hardships of poor physical conditions for studying and living in the period of China's post-Cultural Revolution, his Professors' provided him with vital hand-by-hand instructions that laid a firm foundation for his current bold architectural design work. Here at Tianjin, he was encouraged to explore with an enquiring mind and to acquire with a deep desire to broaden his perception of architecture.

At various phases in his astounding professional life, there here have been several important breakthrough projects that are crucial milestones. The first is the Xi'an Hyatt Hotel E' Pang Palace that was completed in 1992. This was his first large-scale complex building. He had previously been working in Shenzhen and its proximity to Hong Kong gave him the unique opportunity to acquire first-hand knowledge of high-end buildings and hotels including understanding the logic of their design, of the aesthetics of contemporary architecture, and of the process of designing and delivering high-end construction. Another key project is the Beijing Fengzeyuan Restaurant. Here he studied the issues of urban renewal within the complex context of the historical city. In his Foreign Language Teaching & Research Press building, he combined architectural and urban aesthetics with East-West cultural exchanges. In the Desheng Uptown project, he explored the issue of extending the traditional context of Beijing into a contemporary urban builtform in the project for Yin Site Museum in Anyang, he developed a deep understanding of the significance of cultural heritage. In the Dunhuang Mogao Grottoes Digital Display Center, he extended his thoughts on the relationship between the natural environment, landscape and art.He embarked on a major sustainable exploration of sustainable architecture in his design of the open spaces under the wooden roof of the Hainan Citizen & Tourist Center.

While these are the important break-through projects, the project that he is currently most proud of and his current pride and joy is the recently-completed environmentally-responsive five exhibition canopies in the main Exhibition hall of Tianfu Agricultural Expo Park. Here, the project is reminiscent of the period when he was labouring in the fields in the rural areas, when he developed a vision for a future life for humanity as garden-style ecological cities. This current project can also be regarded as his critical response to the local natural environment and its landscape, to green architectural considerations, to the unique scenery of the locality, and by his designing with a climate-responsive design approach and a deep concern for creating a built environment for a heathy life for society.

He regards the obstacles that he had to overcome over his professional life to be the usual issues affecting any project's completion such those caused by compromises as a result of conflicts in the interests between the various parties involved in a project. He contends that this tends to happen in just about every project and at varying degrees of issues. He asserts that resolving these requires a strong design basis that can play a positive and instructive role in balancing the outcomes of the conflicting interests.

CUI Kai's priorities in practice do not remain static but have changed progressively over the years as he is impacted by the challenges and changes in contemporary design discourse, at various phases of his career that would affect his practice. Generally, the changes in priorities are caused both by the focus of different projects and by the state of social development. Of significance is his current developing interest in green architecture evident in his work.

Looking forward CUI Kai attributes the influences of many architects that he admires and whom he seeks to emulate their design sources, methods and approaches including many of the Masters. However he attributes that the most crucial influence come from his observing the common 'folk' dwelling architecture that is found worldwide where each is different within the context of each's unique geographical and cultural identity that influence their architectural features. This includes the architecture that have been built without professional architectural input and which are imbued with local cultural folk wisdom with an inherent sense of vitality. He is currently interested in a"land-based rationalism"that he is developing and advancing in his current work.

If there is anything which he would have done differently, it might be in some of his past projects. But he also acknowledges that every project is seldom entirely perfect especially from its architect's own viewpoint. He is a perfectionist and there may be many aspects that he might have done better, such as the design ideas, or the method or construction, or the quality or operational conditions. Looking back he felt that in instances, a different or better approaches could have been taken if he had laid placed more emphasis on creating greener lifestyles.

What is his dream project if he has one? CUI Kai says that he is not highly ambitious, but being a perfectionist he has a dream for every project and if he is able to achieve just 80% of this dream, he will be satisfied.

In retrospect, CUI Kai believes that the secret of his practice's immense success is the outcome of an open enquiring mind with a genuine faith and interest in all things in general, influenced by a constant curiosity in human experiences and condition, and influenced by his observations of life and influenced by his memories. All of these have played important roles in his success as an architect.

With regard to his aspiration for the architects in China in the global stage, he believes that there are many extremely talented young architects in China and he hopes that their work will have more exposure in the global stage to represent the great advances in contemporary Chinese architecture. At the same time, he hopes that more of the currently practicing architects will work towards the creation of sustainable human settlements, which he regards to be crucial to the overall development of Chinese architecture.

These then are the key factors then that makes CUI Kai the unique, relevant and exceptional architect that he is today, His large magnificent body of work attests compellingly to the credibility of his aspirations

Ken YEANG
April, 2022

目　录

CONTENTS

探索绿色建筑新美学

有句老话："建筑是石头的史书"。说的是每一个时代的建造技术、文化理念都会在建筑上留下痕迹，呈现出那个时代的特色。从历史文明到现代社会，不同时代的建筑的确都呈现出不同的特征，从一个侧面记载了人类文明的进步和社会历史的变迁。

当今的时代，人类面临着生态环境的危机，降低能源消耗、减少碳排放已经成为国际社会共同的责任。作为能耗大户的建筑行业早已行动起来，节能建筑、绿色建筑、可持续建筑这一系列新的目标和理念引起了从设计理论到设计方法、从建造技术到运维方式等系列的创新和发展，建筑学正在经历一次革命性的转变。

如果说以往的建筑是以人类占有自然、征服自然为目的，那么未来的建筑应该是以尊重自然、修复生态，与自然生态取得平衡为目标；如果说以往的建筑是以强大、永恒、崇高为价值表达，那未来建筑应该是以绿色、可续、智慧为价值呈现；如果说以往的建筑以不断强化内外分隔以抵御自然气候的影响，那未来的建筑就应该更强调界面的开放、可变，与自然融合相处；如果说以往的建筑在不断提升设备技术以保证室内空间的舒适度，那未来的建筑就应该更重视利用自然风、光条件来降低能耗，保证人的舒适和健康；如果说以往的建筑要用大量的材料进行装饰以显示富贵和档次，那未来的建筑更应提倡一种俭朴的、真实的、自然的美；如果说以往的建筑要用大量耗能生产出来的材料进行建造，那未来的建筑就将更广泛地选用自然的有机材料、固碳材料进行建造……

凡此种种都可以清晰地看出，这个时代的建筑美学正在转变。这种转变是人们对自然生态的重新认识，也是对自我生存状态的认真反思，是人们对健康生活方式的迫切需求，也是伴随而来的一系列绿色设计方法和技术方面的解决方案。绿色的建筑会变得更开放，更轻巧，更温暖，更愉悦，更智慧，更俭朴。

应该说，这样的转变并非都依赖于新的科技、新的知识，人和自然相处的传统智慧和代代相传的生活常识是十分重要的经验，而这些宝贵的经验曾经由于我们过度依赖人工技术而被淡忘、忽视了。一旦我们重新关注到这种无处不在的智慧火花，恢复我们自己对常识的自信，设计的思路就可能变得十分清晰，不依赖那些复杂的模拟计算工具就可以作出正确的判断。

不过一直以来，绿色建筑的专业性研究多数是由暖通空调工程师主导，他们的主要思路是如何让建筑在运行中节省能源。其技术路径首先是让建筑外围护界面有更好的隔热材料，然后用更高功效的设备机组和送风方式保证室内空间的温湿度并降低能耗，还进一步研究地源或水源热泵用大地或水体的冷热量进行换热代替市政供电供热。近些年太阳能利用从热利用到光伏发电也成为清洁能源的主要来源。这些技术解决方案在学理上和实验中十分有效，但在实际工程中效果却不明显或不稳定，给人一种钱花了能耗降不下来，当"冤大头"的感觉。

就本人观察，问题可能还不在这些技术本身，而是建筑设计的起始端出了问题。许多建筑片面追求高大空间，势必要消耗更多的能源；许多建筑中有大量无采光或采光条件很差的黑房间，势必在白天也要依赖人工照明；许多建筑的外窗开启面积过小或分布不合理，也势必导致在气候适宜的过渡季无法自然通风而过早使用空调……此类设计问题在实际中比比皆是，由于设计不合理造成的能耗浪费是用上述节能技术补不回来的。所以，关键是建筑师要有绿色建筑的理念，要掌握绿色设计的方法：从空间组织到形态控制；从功能分区到立面构成；从室内到半室内到室外统筹设计；不仅让用能空间适度缩小，还要让用能时间尽量缩短；让建筑不仅节能还能产能；让建筑用材不仅减量还能固碳；让空间不仅可闭合还可开放；让人不仅在室内而且在室外都能有舒适的工作和生活环境。在此前提下，积极采用主动式技术体系在用能空间中和用能时间内把能耗进一步降低，并通过人机互动的智慧化运维管理精准调试，绿色建筑才能真"绿"，能耗指标才能降低，健康指标才能提升，"双碳"目标才能达到。

在科学技术部"十三五"科技攻关项目"地域气候适应型绿色公共建筑设计新方法与示范"中，我们课题团队系统地对绿色建筑的基本理论、设计方法、技术体系和模拟工具进行了梳理研究，并初步搭建了设计和研究的协同平台，还完成了五个不同气候区的示范项目，验证了设计方法的有效性。克服疫情的影响，2021年项目顺利结题验收，得到了业界专家的好评，一些示范项目也引起了行业和市场的关注，并引来了不少新的客户，希望把他们的项目也做成绿色建筑，让我和团队们又有了新的实践机会。去年"十四五"科技攻关项目启动，我们在集团领导的推动和业界专家的鼓励下，再次以"揭榜挂帅"的方式拿下了"高品质绿色建筑设计方法和智慧协同平台"项目，准备在"十三五"科研成果的基础上继续深化研究，也会推出一批更有科技含量的绿色示范项目。

回顾几年来创作绿色建筑的体会，有几点心得。一是以绿色的理念做设计，对既定的自然和城市环境的尊重和保护成为源自内心的一种善意，让设计充满了积极的正能量。这种正能量能够感染客户，赢得专家的赞许，也能得到政府领导的认同，当前新时代，绿色低碳发展已经成为国家的战略，更是世界的共识。二是以绿色的方法做设计，设计就要更加理性：每一个策略的选择，每一招解题的点子，每一次设计的判断都要基于绿色设计的导引，都有内在的学理支持，不再是依赖建筑师个人的才华和偏好随性地创新，不再只是关注表面化的形式语言，这种讲道理的设计可以被推广甚至借鉴抑或"抄袭"，应该具有广泛的普适性。三是以绿色的技术路径做设计，设计就会更多地呈现技术之美：耗材耗能的装饰被取消了，就期待看到结构更轻，节点更精巧，材料更新，设备及管线的排列更有序，处处都应该可以展示创新技术，普及绿色知识，去装饰化，可以倒逼建筑师把设计重点向内延伸，把原来不关注的技术设计变成创作的重要组成部分。四是绿色设计不仅关注新建项目，而且要关注存量发展时代大量的危旧房改造，绝不能再一拆了之，制造破坏环境的垃圾；还有许多玻璃幕墙高层建筑和城市标志性的大型公建，作为能耗大户也需要改造，否则建筑的整体运行能耗根本降不下来。而这类既有建筑的绿色改造方法还缺乏系统的研究，也将是绿色创新的重要战场。可以想象，在不远的将来，随着"碳达峰""碳中和"的时限到来，无论老城旧区还是新城建设，都因为绿色设计、绿色改造而呈现出绿意盎然的勃勃生机，展现出面向未来的绿色建筑新美学——新时代的建筑学。

在京城被来自北方的黄沙铺天盖地般笼罩之时，我写下这些文字，畅想绿色建筑和绿色生活的未来。但办公桌上一把玻璃的镇纸又引起我的思考。镇纸上印着北宋的《千里江山图》，上面赫然刻着四个金色的大字："只此青绿"。的确，天人合一、道法自然是我们先人所倡导的与自然相处之道，我们在过往的发展中忘记了古训，偏离了道行，今天是该回归的时候了。因此，绿色建筑设计不仅是面向未来，也是一种我们中华民族历史文化的真正传承和精神的回归。

崔愷

2023年4月

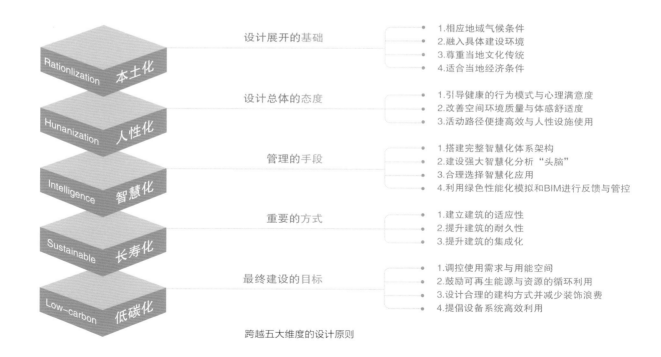

跨越五大维度的设计原则

EXPLORATION FOR THE NEW AESTHETICS OF GREEN ARCHITECTURE

As the old saying goes, "Architecture is history written in stones." This indicates that the building techniques and cultural beliefs of each era will leave their traces on buildings, revealing the characteristics of that period. From ancient civilization to modern society, different periods of architecture -present different features, reflecting the progress of human civilization and the changes in social history.

Nowadays, humankind is faced with the ecological crisis, and the reduction of energy consumption and carbon emission has become a common responsibility of the international community. Featuring high energy consumption, the building industry has already taken action, with a series of new goals and concepts, such as energy-efficient buildings, green buildings, and sustainable buildings leading to innovation and development in design theory, methods, technology, operation and maintenance. Architecture is undergoing a revolutionary transformation at present.

If architecture in the past was for occupying and conquering nature, it should aim to respect and restore ecology, and achieve balance with natural ecology in the future; if it used to manifest strength, eternity and sublimity, it should present values of green, sustainability, and intelligence in the future; if it used to strengthen internal and external division to alleviate the impact of climate, it should feature openness and flexibility of interfaces, achieving harmony with nature in the future; if it used to pursue progress of equipment technology to ensure comfort, then it should pay more attention to utilizing wind and daylight to reduce energy consumption and enhance comfort; if it used to consume a large number of materials for decoration to display wealth and social status, it should advocate for a sort of beauty that is frugal, authentic, and natural in the future; if its construction used to be highly energy-consuming, then it should feature a wider range of organic materials and carbon sequestration materials...

All of the above shows that the architectural aesthetics is undergoing transformation. It is generated from people's renewed understanding of ecology and their reflection on living conditions, indicating the urgent need for healthy lifestyles, and associated with a series of green design approaches and technological solutions. More openness, lightness, warmth, joy, smartness and economic efficiency will be found in those green buildings.

Such transformation does not rely solely on new technology or knowledge, since traditional wisdom for human-nature coexistence and common sense for living passed down by generations are both important experiences, which have been somehow neglected due to over-reliance on technology. Once we redirect our focus to this spark of wisdom and regain our confidence in common sense, our design ideas may become very clear, allowing us to make the right decisions without complicated simulation tools.

However, most professional researches on green buildings have long been dominated by HVAC engineers, who aimed for less energy consumption during the building's operational period. Their technical approach usually starts with better insulation materials for the envelope; more efficient equipment and air supply methods are introduced to control indoor temperature and humidity to reduce energy consumption. Their further researches may focus on using geothermal or water-source heat pumps to substitute municipal electricity supply and heating. In recent years, solar energy solutions, ranging from thermal utilization to photovoltaic power generation have also become prevalent. Those solutions seem effective theoretically and in laboratories, but things are always different in practice, making people wondering if the money spent on the solutions were worthy. Through my observation, the problem may not lie in the technologies themselves, but the starting point of architectural design. Many buildings, with a sheer pursuit of large and high spaces, inevitably result in higher energy consumption, while some have a large number of rooms with little or no daylighting that requires artificial illumination during the day; many buildings, with windows too small or poorly arranged, make natural ventilation difficult in transitional seasons, resulting in longer period of air conditioning throughout the year. Those kinds of energy waste cannot be compensated by the above-mentioned energy-saving technologies, so the key lies in the architects' awareness of green buildings and mastery of green design methods: from spatial arrangement to form; from function zoning to facade design; to carry out the integration of indoor, semi-indoor and outdoor design; not only to reduce the size of energy-using space, but also to minimize energy-consuming period; to make buildings both energy saving and producing; to not only reduce the amount of materials used, but also boost their carbon sequestration capability; to make spaces available for both enclosure and openness; to provide people with pleasant working and living environment both indoors and outdoors. Under this premise, only by adopting an active technical system, which further curbs energy-consuming space and time, and precisely debugging through intelligent operation and maintenance by human-machine interaction, can green buildings be real "green" with optimized energy-consuming and health indicators, facilitating the achievement of the goal of carbon peaking and neutrality.

In the project of "New Methods and Demonstration of Regional Climate Adaptive Green Public Building Design", included in the Ministry of Science and Technology's "13th Five-Year Plan" scientific and technological breakthrough project, our team systematically studied green building, with perspectives ranging from fundamental theory to design methods, technological systems, and simulation tools. We built a preliminary collaborative platform for design and research, and completed demonstration cases in five different climate zones, validating the effectiveness of the design methods. Despite the three-year-long impact by the pandemic, our project was concluded as a success in 2021 and received commendation from experts. Besides, some cases have drawn attention from the industry and the market, with a number of new clients interested in joining in the project. This gave me and my team new opportunities for practical application. Last year, the "14th Five-Year Plan" science and technology breakthrough campaign was launched, and with the help of China Construction Technology Consulting Co. Ltd., as well as encouragement from experts in the industry, we won the opportunity to carry out the "high-quality green building design method and intelligent collaborative platform" project. Now we are ready to deepen our researches on the basis of previous outcomes, and will also launch a series of green demonstrative projects with more scientific technology embedded.

Looking back at my experience of creating green buildings, I have a few viewpoints to share. First, if the act of design is carried out with sustainable concepts in mind, respect for established natural and urban environment will be reflected as a sort of voluntary goodwill, which can empower the design with positive energy. This sort of positive energy will influence our clients and gain recognition from experts and government leaders, green and low-carbon development has become a national strategic priority and a global consensus of the new era. Second, green design adds rationality to the design process. The selection of every strategy, solution and judgment is based on the guidance of green design with intrinsic academic support. It's no longer reliant on the architect's talent or preferences to innovate on a whim, or exclusively focuses on forms. Instead, this sort of rational design can be promoted or even "copied" because it should be applicable in a wide range. Third, the green technological path can better showcase the technological beauty of the design. Highly energy-consuming decoration is abolished, and lighter-weighted structures, intricate

nodes, newer materials and more neatly arranged equipments and pipelines can be expected, displaying innovative technology and popular knowledge in every way. This trend can motivate architects to look inside when it comes to the focus of the design, making technological design an essential part of architectural creation. Fourth, green design is not confined to newly built projects. In an era of remnant property-focused development, many dilapidated buildings require renovation instead of environmentally destructive demolition. Many high-rise buildings with glazed walls and highly energy-consuming landmarks need to be renovated, too. Otherwise, the overall operating energy consumption will always remain high. Systematic research in this field is yet to be carried out, and it will be an important battleground of green innovation. One can imagine that in the near future, as the deadline for carbon peaking and carbon neutrality approaches, both old and new urban areas will get green and vibrant thanks to green design and renovation, showcasing a new aesthetic of green architecture that faces the future —— the architecture of the new era.

As I write down these words and look forward to our green future, Beijing is being swiped by sandstorms from the north. A glass paperweight on my desk caught my eyes and triggered my deeper thinking. The paperweight is printed with an ancient Chinese painting named "A Thousand Miles of Rivers and Mountains" of the Northern Song dynasty, with four golden characters inscribed upon it, reading "Only the Blue and Green." Harmony between man and nature, as well as and thoughts reflected through the old saying of "Tao models itself after nature", are both what our ancestors suggested when it comes to living with nature. However, we somehow ignored those and went off track, and today is the time to return to the right track. Green design is not only about facing the future, but also a sort of authentic inheritance of Chinese history and culture, and the return of the spirits.

CUI Kai
April, 2023

绿色建筑设计策略

STRATEGIES OF GREEN BUILDING DESIGN

遮阳: 用形体或构件遮挡夏日的阳光,降低辐射热。

导风: 用空间或洞口或门窗引导自然气流,促进室内换气调温。

开放: 从开窗通风到开放空间,让建筑可以呼吸,让用能空间时间可以减少。

采光: 将自然光引入不仅是为了点亮空间也给人们带来安全感和体验感。

植绿: 绿色植物在此的意义并非景观,而是与气候适应的遮阳、隔热、吸尘、固碳的有机材料。

再生: 空间、结构、材料都可以再生,延长寿命,为新的需求贡献价值。

减排: 不仅要少拆多用,减少建筑垃圾的排放,也要选用低碳排放制作的材料,所以要追问材料从何而来、如何生产的、寿命长不长,这是绿色建筑的选料原则。

产能: 建筑的屋面、外墙、平台都是可以铺设光热、光伏材料的界面资源,利用好这些资源可以产生清洁能源。

蒸发: 水、雾在蒸发中可消耗大量的热,在建筑中利用水雾的蒸发可以使建筑空间降温,水屋顶、水墙、水沟、水池都是传统民居降温的生活智慧。

集约: 将布局紧凑、将单体整合,化零为整,不仅让出更多绿地,也会提高设备效率,是节能节地的主要策略。

保温: 用形体布局和空间组合以及耐久性材料和构造做法为建筑提供保温、御寒、隔热的界面。降低供热、空调的能耗,形成舒适的室内温湿度环境。

隔热: 利用材料的热惰性、蒸发性、反射性和空间通风散热的办法,降低热辐射和热传导对建筑室内空间温度的影响。

灰空间: 檐下空间不再是为了墙面避雨遮阳,而是让人们喜欢停留在室内外之间。

除黑: 消除黑房间,减少人工照明,也让人们有安全感。

固碳: 种植林木,或使用竹、木材料,可以吸收和固定二氧化碳。

轻构: 让结构轻,让材质轻,让装饰少,通过少耗材实现少用能。

融景： 让建筑融入风景，成为风景的一部分。

集水： 将地面雨水收集起来，用于灌溉绿植。

改造： 对既有建筑进行改造，延长其使用寿命，提高使用价值。

修复： 对被破坏的自然或人工环境进行修复。

透光： 透光性材料可以减少对人工照明的依赖。

复合： 多功能空间，通过增加适用性提高利用率，也能减少闲置造成的浪费。

减量： 适当减少建筑的规模和体量，是节能节材降碳的前提。

长寿： 延长建筑的使用寿命，减少拆除。

装配： 装配技术能提高建筑品质，减少施工现场的耗能耗材。

海绵： 让大地吸水、蓄水，减少雨水的流失和洪涝，有利于滋养生态环境。

嵌套： 在既有建筑改造中将新的空间嵌入旧的建筑，既把旧的痕迹留下来，又保证了新空间的性能品质。

简装： 少用无功能性的装饰材料，达到节材降耗的目的。

本地材料： 多用本地材料，减少运输的能耗。

废旧利用： 废旧材料再利用是减排环保的重要策略。

覆绿： 利用屋顶或墙面立体绿化，降低辐射热、吸尘、固碳、美化环境。

共享： 让建筑和空间具有功能的复合性和开放性，便于不同人群的共同使用，进而提高建筑资源的利用率。

集成： 将功能、空间集中布局，减少管线长度，降低能耗。

有机： 建筑与周边环境之间，以及建筑自身各个组成部分之间，在空间上、功能上、形态上建立融合的关系。

山水人居，文脉传承
Context inheritance of landscape culture

北京世界园艺博览会中国馆 CHINA PAVILION AT THE INTERNATIONAL HORTICULTURAL EXPO 2019, BEIJING
设计 Design 2016 · 竣工 Completion 2019

地点：北京延庆 · 建筑面积：23 000平方米
Location：Yanqing, Beijing · Floor Area : 23,000m²

合作建筑师：景泉、黎靓、郑旭航、田聪、吴洁妮、吴南伟、吴锡嘉
Cooperative Architects : JING Quan, LI Liang, ZHENG Xuhang, TIAN Cong, WU Jieni, WU Nanwei, WU Xijia

策 略：融景、覆绿、采光、集水、产能

摄影：张广源、李季
Photographer: ZHANG Guangyuan, LI Ji

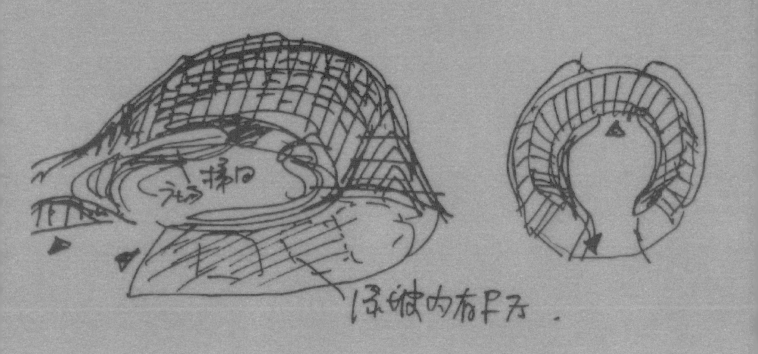

浑城内有房子.

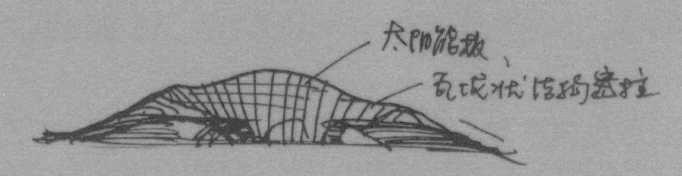

太阳能板、

瓦状状结构遮拉

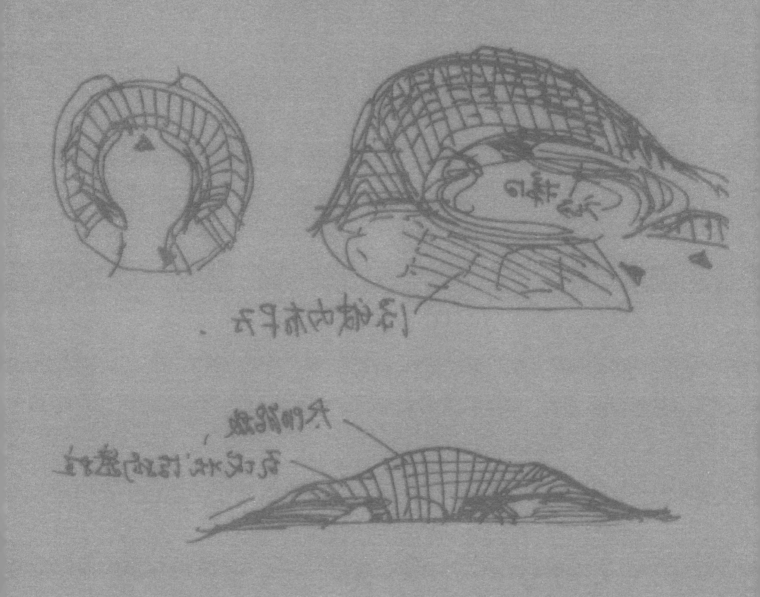

中国馆是北京世园会最重要的场馆之一，如一柄温润的玉如意坐落于山水园林之间。巨型屋架从花木扶疏的梯田升腾而起，恢宏舒展。设计从园艺主题联系到中国的农耕文明，以层层叠叠的梯田体现传统农耕智慧。

建筑的平面为半环形，南侧留出广场迎接八方来客，首层中部底层架空，形成南北贯通的通廊，与北侧妫汭湖建立了联系，并利用道路与湖面的高差关系，实现了不同标高的进馆和离馆流线。

整个场馆采用单一方向的参观流线。一层展厅埋于土下，室内绿叶的软膜天花和深浅搭配的绿色格栅，仿佛把游客带入了森林；二层采用鱼腹式桁架屋顶，覆盖ETFE膜，室内光线柔和、细腻，中部的观景平台可供远眺世园会园区；地下一层的水院空间，让流水从瓦屋面跌落，形成中国传统民居"四水归堂"的奇妙景致。

根据延庆地区光照、降水、通风、温度等气候条件，设计选择适宜的绿色技术——展厅覆土、地道风系统、自然通风、光伏玻璃、雨水回收利用，使中国馆成为一座有生命、会呼吸的绿色建筑。

As one of the most important pavilions of the Horticultural Expo in Beijing, the China Pavilion resembles a "Ruyi" located among hills and waters. Its huge roof truss seems to have grown up from the terraces with a stretched gesture, showcasing both the local horticulture and the time-honored agricultural civilization of China.

The building has a semi-ring shaped plan, with a square located to its south with a welcoming gesture. The central part of the 1st floor is stilted, providing access to Guirui lake on the north.

The exhibition hall of the 1st floor is covered under the ground, with green granitic plasters, soft film ceilings and gratings inside the space making visitors feel as if they were in the forest; on the 2nd floor, ETFE films on the truss structure introduces soft light into the interior spaces; on viewing platforms on the 2nd floor, visitors can overlook Yongning Tower and Guirui Theater.

The adoption of appropriate sustainable approaches has made the China Pavilion a living green building.

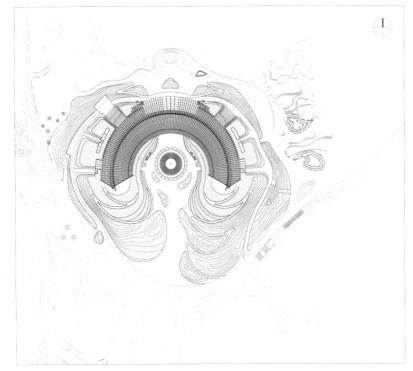

总平面图

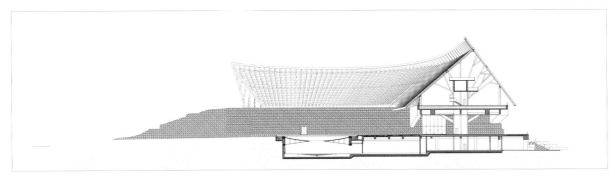

剖面图

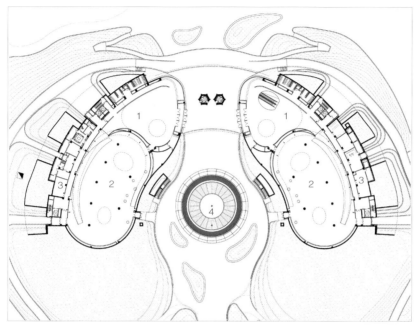

1. 序厅
2. 展厅
3. 库房、机房
4. 下沉水院上空

首层平面图

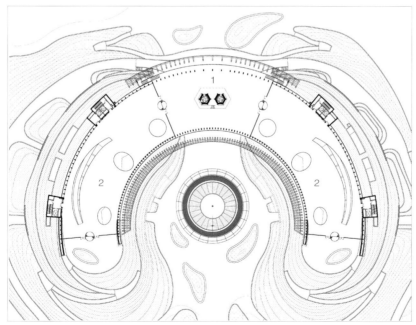

1. 观景露台
2. 展厅

二层平面图

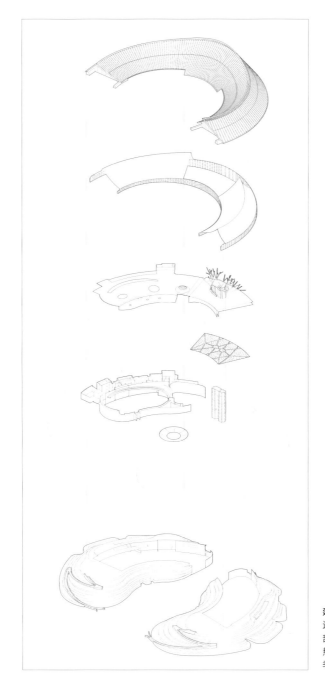

建筑位于寒冷气候地区，坐北朝南，上部通透，为展出的花卉和植物提供充足阳光；下部展厅则采用覆土形式，有利于实现保温隔热功能；雨水收集和内通风系统则可以在夏季带走部分热量。

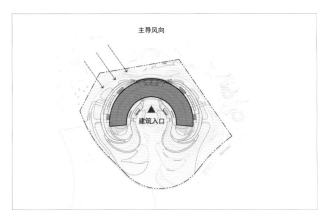

弧线形的体量分为东西两部分，在冬季，西北风被西侧体量阻挡，
保障建筑南侧的半围合空间不受寒风侵袭。

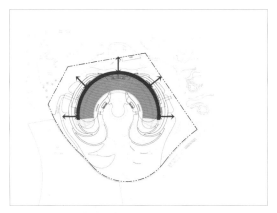

坡屋顶有利于雨水流下进入排水沟，经过梯田得到充分回
收利用。

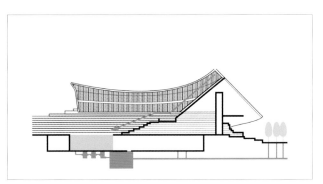

地下雨水收集系统收集屋面排入的雨水后经过净化过滤，
反哺给周边的景观水池或作为浇灌用水。

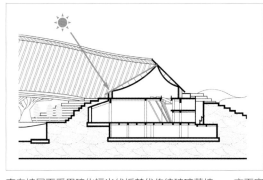

南向坡屋面采用碲化镉光伏板替代传统玻璃幕墙，一方面实
现了光伏发电再生能源的有效利用，另一方面光伏玻璃内部
的彩色镀膜层也对室内空间形成一定的遮阳效果。

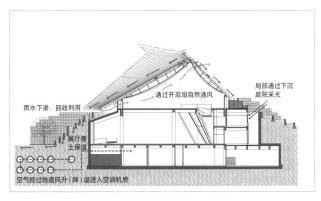

建筑底部和顶部均有可开启的电动天窗，
有利于增强室内自然通风。

世园会中国馆——崔愷访谈

WA：中国院参与世园会的规划和建筑设计是怎样的缘起？

崔愷：最开始是中国建筑设计研究院的环境艺术院在初期参加了世园会规划方案的比选，这个过程中，我们院景观设计师、建筑师开始参与并取得了不错的成绩进入了实施设计的团队。总体规划是北京清华同衡规划设计研究院胡洁老师做的。经过方案比选，以胡洁老师的方案为主进行了调整优化。

建筑设计实际上是应北京市规划和自然资源委员会、北京世界园艺博览会事务协调局邀请之下参加的，类似工作营的方式征集方案。请建筑师分头做一些方案，开会相互当面提意见。在这个过程当中，逐渐聚焦哪个项目选择哪个方案。中国馆就是在这个过程中逐渐诞生的，其实我们团队在这期间也做过几个方案，最终推出了这个大家比较喜欢的方案。

WA：如何解读世园会的主题"绿色生活，美丽家园"？

崔愷：我很赞赏"绿色生活，美丽家园"这样一个提法。对于美丽家园，大家都是很憧憬的，尤其是对世园会来讲——花团锦簇，展览园艺的风景，把它和"美丽"联系在一起是不错的。

"绿色"这个概念在以往的世园会当中不够突出。以建筑为例，大多并不是真正体现绿色生活的场所。许多园博会建筑比较突出造型的象征性，真正体现"绿色"的部分不足，缺少对绿色生活体验的关注。

园艺的传统源于农业文明，应该展现出田园风光，应该更自然，让大家到郊区体验一种放松的生活，而不是刻意地把这些形式表现出来。在本次世园会当中，这一点总体比原来有了进步。"绿色生活"这个主题让我更加看重如何通过设计来阐述绿色生活、田园生活的理念。

WA：中国馆的设计是如何回应世园会的主题的？

崔愷：像刚才我所说的，我们对世园会的解读来自于农业文明、田园生活，因此我们特别不希望房子看上去就像城市里的建筑，而是

更加接地气。实际上，中国馆最初的造型还不是现在这样，最初我们有另外一个方案，当时核心的想法就是创造一个有层层梯田的延庆山地田园风光。

所以，我们更看重的不是建筑的造型。大家现在解读如造型像"如意"等，都只是从形式上来说。实际上，我觉得建筑来自于对场地的分析及对场景营造的考虑，是在建筑之外和建筑之内的一种考虑。

比如说为什么做成环形？我们当时考虑延庆气候比较寒冷，我们希望这个建筑在将来长久的使用当中，围合出一个向阳、背风的环境。又比如为什么做成人字形的屋顶呢？实际上是为了减少风的阻力，让风很容易掠过建筑，减少屋面荷载。为什么在下面建一个很大的覆土的台子呢？是因为要减小建筑的体量，所以把大量的展厅放在覆土的下层，让建筑消解掉一半多的体量。在上部的空间当中，我们也适当地把它进行了分解，不要让这个建筑横在这里而看不见山，只看见建筑。所以我们设计了一层架空空间、二层架空平台，都是为了让这个建筑通透，在游历建筑的过程中，人们能走到室外看到山景和湖景，创造一个跟世园会周边环境景观相融合的，背风、向阳的建筑。

在设计中国馆期间，我们正好开始接国家科技部的绿色建筑课题。和以往的绿建课题不一样的是，这个课题是由建筑师领衔和创造适应地域气候特点的绿色建筑设计新方法。所以我们把中国馆作为课题所要求的示范项目之一。

当然，因为它是世园会的主体建筑，是一个公共展览建筑，显然它应该体现绿色建筑的理念。所以在刚才说的布局之外，对建筑的绿色节能系统也有一些考虑：比如我们用覆土来解决它的保温、隔热，让内部的温度比较容易达到稳定，减少空调和暖气的使用能耗。比如我们考虑到这个馆是展览植物的，所以需要很多的阳光，在屋顶上另外做了一层透明的膜顶棚形成温度缓冲层，有利于保持室内温湿度环境，有点像一个温室。同时，我们又考虑到大量的人的活动需要通风，所以设计了上部大空间的自然通风系统。我们也将机械的方式放在地下，通过地道风降温，再把这样的风送到室内环境当中，用自然

通风和机械通风调节气温，减少空调的能耗。

另外还有太阳光伏板。虽然屋面有限，装光伏板并不能完全解决它的供电，但是这是绿色建筑中的一个指标，即采用新材料、可再生能源，同时，光伏电池又有很多改进，在这里，我们采用的是碲化镉的光伏玻璃，也带来了很好的美学效果。

刚才讲到的是"会呼吸"，此外，我们也是"可生长"的。"可生长"指两种，一种是巨大的覆土体本身上面有植物会逐渐地生长，让建筑更加融入绿色。另一种是指提供宽阔的公共空间，可以进行一定的改造，这也是"可生长"的逻辑，因为它可以适应不同的功能、适合不同场景的要求，还可以进行改造，甚至可以有一些临时性的搭建，建筑不止单一的面孔，它像一个巨大的容器，可以承载特殊的要求和场景的临时要求。

WA： 可以将"可生长"这个概念理解为对中国馆在世园会结束后永续利用的思考吗？

崔愷： 是的。我们可以看到，很多为大型活动而专门建造的设施在活动结束以后，不能被很好地利用，往往处于某一种闲置的状态。我觉得这个问题在设计之初就应该有所考虑。当然，这个考虑应该更理性一点，像庄惟敏院长所说的，有策划的理念在里面。但是在世园会项目上，建筑师没有机会参与到策划当中。总的来讲，将来这些场馆怎么用也是有一些初步考虑的，比如当时沿着园区围墙外面的道路留了若干的用地，规划的时候考虑将企业馆放在边上，会后企业馆就可以变成城市的公共建设。后来这部分没有建多少，但是预留了一些建设用地为会后发展留出空间。世园会将来会与延庆的发展结合在一起，而不是一个孤立的、简单的城市公园。

对于中国馆这个建筑，有一些可能性，比如说可以继续用作展览建筑，底下的多功能厅比较大，也可以用于会议使用，总体来讲是大空间再利用，举办各种活动。从现在的空间，它的设备配置，以及它比较靠近1号门的位置，这些都是能够在未来被很好地使用的条件。

WA： 中国馆的设计与整个世园会规划之间的关系是怎样的？

崔愷： 中国馆的选址是在规划工作推进过程中选定的，周围的环境与当时选定的时候相比也有一些变化，因此为了应对周边的环境的不确定性，除了刚才已经提到的建筑本身体量的消解，我们采取堆坡的方式就能比较自然地与环境融合起来。这也是我们从以往项目中积累的经验。如果是很大的、独立的体量放在平地上，那么建筑和周围环境之间的关系就需要通过外部的呼应来协调。而现在我们主动景观化了，这个场地本身的隆起、坡降等等，像是公园本身的一部分。从整体控制来讲，我们用的是使建筑主动融入环境的策略，由此消解了和周围景观的一些矛盾。

当然，如果景观、规划与建筑设计之间的互动性更强，沟通更及时，或许可以取得更好的效果。比如，整体规划上，场地北侧的湖挖得较深，地坪高度比我们预期的要低一些，于是在施工阶段时，我们发现中国馆北侧的体量比南侧的体量显得偏大了。再一个是其他的室外展场和我们这一组的建筑之间的距离似乎也近了一些。又比如说建筑前原有很多灯杆，后面调整取消了一些。出现这些变化也可以理解，总体来讲，完成的效果是令人满意的。

WA： 中国馆流线安排又有怎样的特点？

崔愷： 项目总体来讲是一个展览建筑：从一层一侧进去到二层，从二层穿过平台进入另外一层，从二层下到一层，利用场地的高差做了半地下空间。里面也有"水院"、多功能厅、会议室，也有将来预留给商业的一些服务空间。基本上，流线设计在初期就已经以一种"串联"的方式，把基本的功能安排进去了。当然也可以变成"并联"，作为会议用的时候用一侧就可以，另外一侧可以给其他一组会议或者展览来用，具有相当的灵活性。

WA： 中国馆内部对展陈设计是否也有一定的考虑？

崔愷： 展览是中国馆的主要功能。坦率地说，在设计中国馆时，我们并不知道展陈的方案，尤其是中国馆里面有各个省市自己做的设计，哪些省市放在一起，流线怎么组织，负责总体展览策划的世园局有更详细的工作部署，一开始我们按照理想状态做过展陈的建议性布局和效果图，而完整的展陈设计是由其他团队完成的。我想，如果能够更早地把展览的需求和我们沟通的话，设计或许可以做得更加有机、会有更好的互动。

WA： 您是如何理解绿色建筑的？

崔愷： 原来绿色建筑的核心议题是节能环保，因此以前谈到这个的时候，更多是指节能建筑。我认为绿色建筑应该比节能建筑要宽泛一些，因为它承载了"绿色生活、健康生活"，而不仅是"节能"一个单项的考核指标，会更有拓展性。以前在节能建筑中，我们一般采用的策略是加厚保温、增大体形系数，强调建筑的封闭感。但是从广义上来讲，我觉得绿色建筑不应该是这样，而应该创造更多可以享受的半室外环境，引导绿色的生活。更多地创造半户外空间的建筑方法，恰恰也是中国传统建筑的一个智慧，无论是北京的四合院，还是南方的骑楼或者土楼，都是利用建筑的开放性和可调整性来适应气候特点，营造舒适的空间。

绿色建筑节能还有一种是"行为节能"。我觉得这些是需要建筑师想一想的，空间当中有没有让大家走到户外，还能够从事某一种休息、松散的非正式的交流，这样的复合型功能空间，既是办公的场所，又是锻炼健身的场所，也是休闲娱乐的场所，也很有意思。如果你设计得比较好，也可以不完全乘电梯，可以走路，可以用多种方式体验这个建筑，通过设计引导人们行使健康的行为也是很重要的。另外对绿色建筑的基本要求还有自然采光和通风，节水、节电、节材；还有绿色施工和运维管理，只有通过这些才能真正达到节能环保的目标。

另外我认为绿色建筑不应该只是建造新建筑，而是如何把我们的既有城市逐渐变得更绿，也就是在旧建筑的利用上，如何有效地使用现有的建筑，延长它的寿命，我觉得要做的工作很多。把它加固是一

个方向，更巧妙地做成房中房、注入新的功能空间也是有可能的。以一种新的理念、方式、策略使建筑能够更有意思地被利用、更低成本地被利用，使大家更广泛地接受这些既有建筑的价值，这个是很重要的，挑战也更大。

WA： 绿色建筑在中国有怎样的特殊性？它的发展前景如何？

崔愷： 我们谈到绿色建筑，实际上最重要的是一个节俭生活的基本理念。我们老祖宗所在的农耕社会之所以可以一代代地积累财富，总的来讲是因为中国人的逻辑是节俭的逻辑。这和西方是不太一样的。中国在近年快速发展的过程中不知从何时起养成了奢侈的逻辑，让外国人都目瞪口呆。而建筑文化的回归是回归到这些点，不是进行文化的装饰——把琉璃瓦、大屋顶再用上——中国人的智慧应该是节俭的智慧。现在有很多浪费的建筑，例如大而无当的空间，奢华的装饰，不断追求高度的超高层等，是与绿色环保相悖的。

中国的绿色建筑在技术发展和设计理念方面，与国外相比，还是有一个滞后期，这些年在政府的号召下大家才开始行动起来。虽然我们也有节能标准和强制规范，但是我觉得还是停留在单项的节能方面的考虑，直到比较晚才把它作为一种基本的建筑理念。在北欧地区绿色建筑发展较早的国家中，无论是在技术研发还是实施层面，他们对有机材料及再生能源的使用都已经有了很多成功的案例，甚至有很多不仅在建筑层面，还在城市层面使用，比如垃圾排放系统，要远远地走在我们国家的前面。

但是要说起中国的特殊性，我国有一个很现实的情况是，很多昂贵的绿色建筑措施难以落实。比如，为了要做绿色建筑，为了节省一定的电量，反而要增加不少成本。以前专门有人算过，光伏电池的使用寿命大概是15年，成本却远远高于交15年的电费。当然，近几年随着生产规模的增加，这些技术手段的价格在降低，但是总体来讲绿色建筑总是给人一种要多花钱的印象。

但我不太认同这一点，通过设计让建筑更加的开放、更加的怡

人，并不意味着要增加很多先进的技术，要增加很多的成本，我们有一个"发掘传统智慧"的思路，传承传统的地域性的特点，相当于是少花钱、多办事。而这方面在欧洲不太明显，他们比较依赖于技术。我们接触的很多欧洲的有名的绿色建筑专家、太阳能专家，还是比较重视技术进步，这是他们的传统，更加重视做"主动式"。我们国家应该以做"被动式"为主。如今"被动式"也不再是过去比较保守的理解，而是以一种积极的"空间节能""行为节能"的方法，去拓展建筑节能的可能性。

这样就形成了中国和西方不一样的特色，这是我比较期待的。

WA：近期中国建筑学会绿色建筑学术委员会的成立在当下有怎样的意义呢？

崔愷：国家越来越重视绿色建筑，社会也越来越呼唤绿色建筑的发展，但是在行业里面，有绿色建筑意识和理念的设计师并不多。原来只是以设备工程师为主，现在有了一批有志于从事绿色建筑设计的建筑师和专家学者。我们特别希望大家能够对行业起到更大的引导作用。我们做研究和实践，总结经验，找准设计的方法和技术路线，提供更好的工具和协同平台，希望为建筑设计提供更多的技术支撑，使从设计理念到技术策略、设计方法，以及一系列的绿色产品和布品的知识信息都更容易获得。

我们集团正在做的绿色建筑导则，就是希望把像教科书一样的绿色建筑的知识体系变成在电脑桌面上可以随时查询的检索目录，让设计师知道做方案布局的时候有哪些绿色建筑的策略，针对不同的地域和自然条件，可以检索到有价值的参考案例。我觉得这是让更多人能够方便地找到绿色建筑设计策略的一个途径。

"绿建委"有很多专家，期待可以进行更充分的交流，共同地进步，协力起来引领这个行业的发展。未来绿色建筑不再是某种特别的分类，而是变成建筑的普适性能，也就是说，今后应该所有的建筑都具备节能、环保、健康的品质。

WA：除了世园会项目，中国院还设计了哪些绿色建筑项目？

崔愷：我们现在所处的中国建筑设计研究院创新科研示范中心就比较典型。除此以外，我们设计的四川遂宁宋瓷文化中心是按照绿色建筑策略做的，也很有意思，最近刚刚竣工。我们在江苏张家港、山东荣成的两个项目也是通过建筑景观化的设计，解决了绿色建筑需要的一些节能和隔热的需求。还有我们在海口做的市民游客中心也是这样，把原本建筑所需要的大空间变成室外灰空间，遮阳的大棚形成建筑的主体，大棚本身用的是木梁、木瓦等有机建材，也体现出海南的自然生态特色。

这些绿色都是看得见的绿色。之前，绿色建筑上面不看到光伏板和太阳能热水器、地面上没有那么厚的保温的都不算绿色建筑，现在，绿色建筑可以结合不同地区的气候特点把自己的特色做出来。所以对我来讲，绿色建筑的策略和方法有利于创造出建筑地域性的特征。

WA：绿色建筑对于建筑学科的发展，以及对于人们的价值观念影响的核心体现在哪里？

崔愷：我认为少扩张、多省地、节省土地资源是最长久的节能环保。少人工、多天然，适宜技术的应用是应用最广泛的节能环保方法。少装饰、多生态，引导健康生活。少拆除、多利用，延长建筑的使用寿命是最大的节能环保。这是早些年我演讲的时候提出来的，大家都比较认同，其核心理念就是节俭。树立建设节约型社会的核心价值观，以节俭为设计策略，以常识为设计基点，以适宜的技术为设计手段，去创造环境友好型的人居环境，这是我自己的生态观。

原载于《世界建筑》2019年第6期（采访整理：王欣欣、庞凌波）

山水之情，民族之语
Local building languages of the local nature

2018中国（南宁）国际园林博览会 2018 CHINA (NANNING) INTERNATIONAL GARDEN EXPO
设计 Design 2016 · 竣工 Completion 2018

地点：广西南宁 · 建筑面积：57 937平方米
Location : Nanning, Guangxi · Floor Area : 57,937m²

合作建筑师：景泉、崔海东、黎靓、金海平、杨磊、冯君
Cooperative Architects : JING Quan, CUI Haidong, LI Liang, JIN Haiping, YANG Lei, FENG Jun

策　略：开放、融景、覆绿、遮阳、导风、本地材料、简装

摄影：张广源、李季、高凡
Photographer: ZHANG Guangyuan, LI Ji, GAO Fan

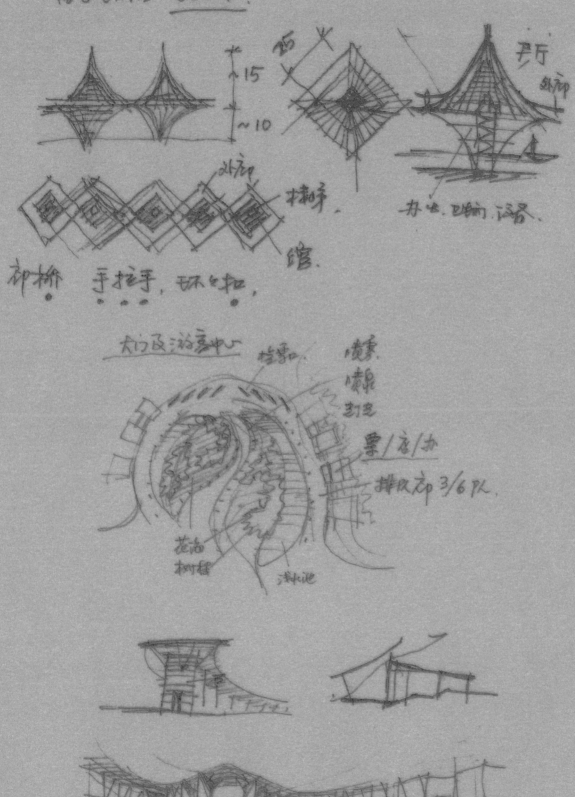

南宁园博园位于南宁市东南顶蛳山，西临八尺江，其规划设计注重生态环境的恢复和可持续利用，注重地域文化的传承创新和游览体验。园区整体规划在保留现状18座山体的基础上，通过生态手法和景观手法，形成三大山岭景观脉系。建筑设计结和广西地方传统民居的营建智慧，通过对山地、聚落、廊桥廊、构架、屋顶、材料等地域传统要素的提炼创新，在每个建筑中根据场地条件和自身功能进行组合变化，实现整体建筑风貌"和而不同"的意境。

东盟馆横跨东盟湾而建，以广西特有的风雨廊桥为原型，架于东西山坡之间。十国展厅均为六边形标准单元体，"手拉手，环环扣"，外廊则由互相搭接的防雨百叶覆盖。展厅室内悬挂帐篷状的膜结构，喷绘代表各国特色的花卉图案。通透的格栅掩映出朦胧的膜帐。

清泉阁是整个园区的制高点，塔身对应园区景观大道，并与市区龙象古塔遥相呼应，喻迎宾之意，纯粹的受力构件体现了结构之美，层层金属的外檐让人联想到少数民族传统的密檐塔。扭转的形体如同"A"与"V"的结合，自然形成底部大空间与顶部观景大平台，也让建筑的不同角度呈现出不一样的形态。

宜居·城市馆利用原有的两座小山坡，将建筑一层嵌入山体。并将展览空间打散，形成小空间、聚落化的布局。充分利用园区建设中碎石、红土等"废料"，由石笼、夯土、木色格栅、毛石组成地方材料系统。

游客中心的设计考虑游客排队等候的需要以及炎热多雨的气候特点，借鉴广西传统村落的成片屋顶形式，采用曲线钢桁架上搭纵向直线钢檩条，形成有韵律的廊下空间。赛歌台受少数民族河边树下对歌的启发，屋顶为三角形几何分格，形成上下凹凸的锥体，如同榕树硕大的树冠，满足了演出、赛歌等功能需要。体验馆则在被采矿破坏的场地上，以干栏式民居为原型，整体架空，保护植被。

Located at mountains in southeast Nanning, the Expo Garden highlights the restoration and sustainable utilization of the eco-system, as well as the local features and visitors'experience. Divided into 9 functional areas, the garden forms a layout of "3 lakes and 18 hills" with consideration of floodwater storage and drainage.

Built over the ASEAN bay, the ASEAN Pavilion is based on the prototype of the covered bridge of Guangxi. Exhibition halls of ten countries, composed of standard hexagon units, are arranged side by side, with the exterior corridor covered with overlapped rainproof louvers. Tent-like membrane structures in the exhibition halls are painted with patterns of each nation's representative flowers.

Qingquan Pavilion, the garden's landmark building with a commanding height, is rotated to coordinate with both the landscape boulevard and the ancient Longxiang Tower in the distance. Dense metal eaves, supported by steel structure, remind people of the traditional dense-eave tower while showcasing the beauty of its structure.

Taking the queuing of tourists and the rainy weather into consideration, the design for the tourist center has adopted the form of "roof group" seen in traditional Guangxi villages. The layout of the center conforms to the terrain of the hills, with a 260-meter curved roof covering 10 individual buildings and forming 3 groups.

The Livable City Pavilion has its first floor embedded into the existing hills on site. The exhibition spaces are scattered to form small clusters. Furthermore, the "waste materials" of the construction, such as gravels and rubble, are reused to form a system of local materials. The singing stage has a cone shape with its roof divided into triangles. The vegetation of the Living Experience Pavilion's site was damaged by previous mining activities. As a result, the design starts from ecological restoration.

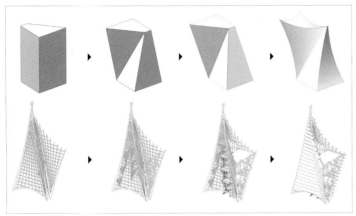

清泉阁形态生成图

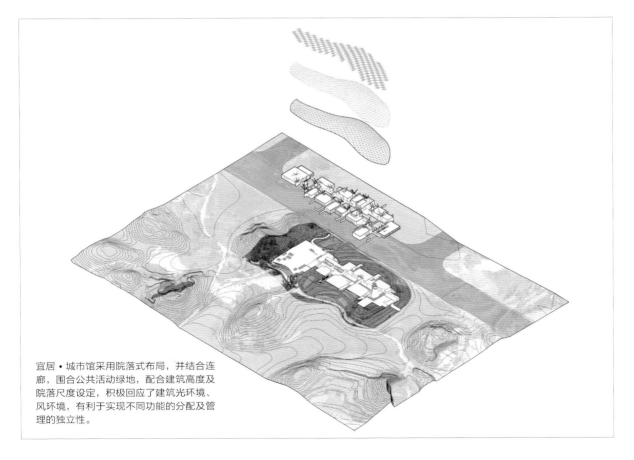

宜居·城市馆采用院落式布局，并结合连廊，围合公共活动绿地，配合建筑高度及院落尺度设定，积极回应了建筑光环境、风环境，有利于实现不同功能的分配及管理的独立性。

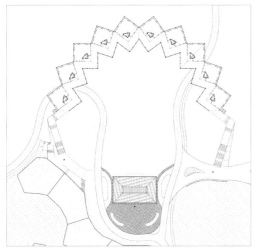

东盟馆首层平面图

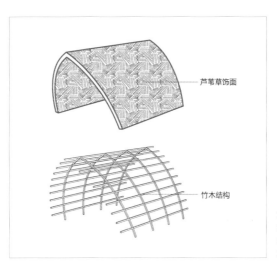

芦苇草饰面

竹木结构

昆山园屋顶饰面采用用地周边的芦苇茅草，绑扎后直接安装，主体结构借助竹材的受弯性能一次成型，减少二次加工带来的污染和浪费。

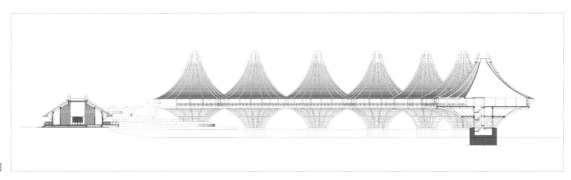

东盟馆剖面图

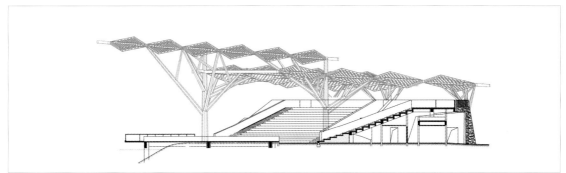

赛歌台剖面图

游客中心

宜居·城市馆

体验馆

设计随笔

南宁园博园选址在市郊的一片废弃地上，场地坑洼起伏，有采石的矿坑，有积水的坑塘，也有长满荒草和杂树的山丘。生态景观院在李存东院长带领下中标了总体规划，用景观来修复这里的生态。

园中规划的建筑有十几处多，从入口大门到几个展馆，还有东盟十国馆和一座塔。它们散布园中，不仅有特定的功能，也是景观标志建筑，应当各具风采。

初时，团队虽然很努力，但设计还没找到章法，如何散而不乱？如何多变又不失统一？我指导大家按本土设计的策略，去收集和分析资料，尤其对广西深厚的少数民族文化进行重点学习，提炼出一系列的民族建筑语言，结合不同的地形和功能分别运用，各有侧重，很快就整理出一整套创作思路，随手便勾画出各个建筑的构思草图。

广西夏日高温多雨，我们搭建了宽大起伏的长廊，供入园观众排队、纳凉。广西侗族的山涧河道之上多有廊桥，不仅用于过河，也可在其中摆摊卖货，成为休闲逛街的好地方。我们依此设计了东盟十国馆，十座亭廊手拉手跨在水上，象征着友谊团结，更是观众参观与体验异国风情的好去处。

广西村落中多有鼓楼，以木柱斜梁搭出复杂的楼架，外搭密檐瓦顶，层层叠叠，成为村中的标志。我们依此设计了清泉阁，以交叉斜柱构建出A形和V形门架，横梁叠瓦檐，左右相连，随不同标高平面变化，构成了独特的平台楼阁，是园博园的制高点。

对歌是广西典型的民族节庆活动，往往在村前大树下举行。依此，我们设计了对歌台，巨大的六边形棚架如同大树，阳光透过细密的屋面格栅，投下变幻的光影，演员和群众在水边木平台上载歌载舞，充满了浓郁的民族风情。

广西的村落多依山而建，布局随地形而变，自然而有机，如同从山上长出来的一般。我们将园艺馆分解成十几座石头房子，错落地嵌入绿坡之中，上覆菱形遮阳透光大棚，形成了遮雨通风的聚落空间，不仅适合不同的主题展览，也为日后商业运营提供了灵活的空间。

在南宁园博园的建筑创作中，我们向传统学习，不仅仅是一种文化上的传承和形式上的借鉴，更是学到了地域建造中应对气候环境特征的传统智慧——开放的空间，地势的因借，遮阳的棚架，避风雨的廊桥，导风的鼓楼，还有就地取材，粗犷、原始的建构风格，等等。这一切都走在绿色化、地域化的回归之路上。

云水林影，轻补崖坑
Healing scars of the earth with haze and green

江苏园博园未来花园　FUTURE GARDEN OF JIANGSU GARDEN EXPO

设计　Design 2019 · 竣工　Completion 2021

地点：江苏南京 · 建筑面积：97 374平方米
Location : Nanjing, Jiangsu · Floor Area : 97,374m^2

合作建筑师：关飞、裘俊、马琴、杨凌、陈曦、时红、梁丰、王俊
　　　　　　周益琳、原青哲、白宇清、蒋鑫、杨磊、姚强、高林、郭一鸣
Cooperative Architects : GUAN Fei, QIU Jun, MA Qin, YANG Ling, CHEN Xi, SHI Hong, LIANG Feng, WANG Jun
　　　　　　ZHOU Yilin, YUAN Qingzhe, BAI Yuqing, JIANG Xin,YANG Lei, YAO Qiang, GAO Lin, GUO Yiming

策　略：改造、修复、透光、蒸发、开放、轻构

摄影：张广源、李季、侯博文、蒋振、Holi河狸景观摄影
Photographer: ZHANG Guangyuan, LI Ji, HOU Bowen, JIANG Zhen, Holi

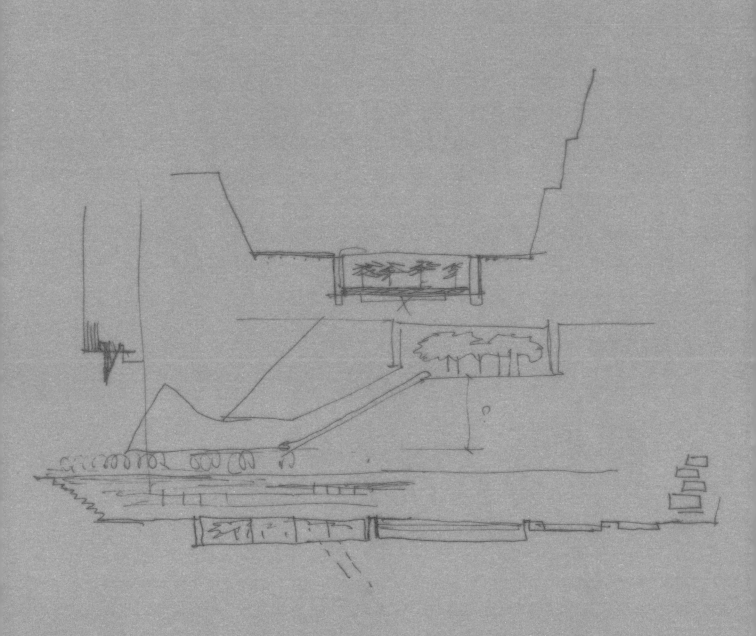

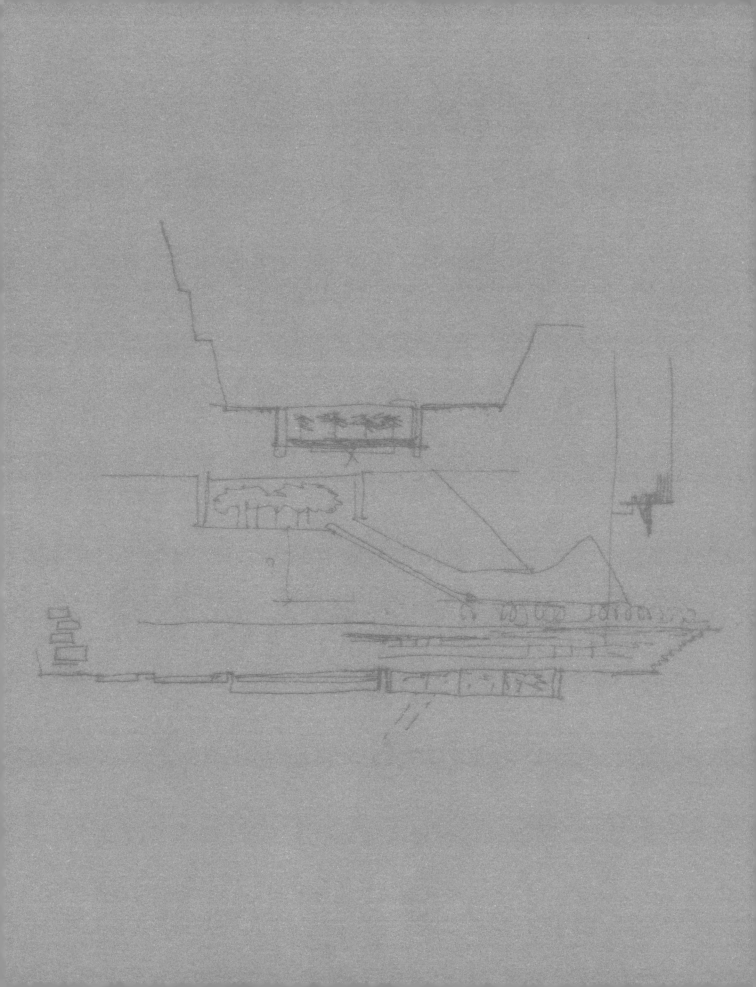

面对尺度巨大的孔山矿坑遗存，设计因势利导，巧借中国传统山水画境的意向，以生态修复的理念、以科技创新的手段、以艺术体验的情境，打造了规模宏大的未来花园胜景，让昔日废弃的矿坑再现山水奇观。

设计将大面积雾森景观与矿坑的特殊环境相结合，在坑底制造出飘渺的云雾，营造"云池仙境"浓郁的人文气息和山水诗意，并将已有的矿料运输通道及其竖井改造为"时空隧道"，为游客提供了进入未来花园的独特体验。

植物花园位于场地最低处，以"波光下的植物园"的概念来展现梦幻的未来感。伞状棚架支撑的水屋面蓄满可循环水，犹如天空之镜，倒映着层层崖壁，记录着晨昏变幻、雨落雾散。

崖壁剧场气势磅礴，白天犹如巨大的山水画卷，夜晚则以投影巨幅崖壁灯光秀。另一侧崖壁设置错落的平台，将室内外看台、包间嵌入崖壁，可容纳2500名观众。悬崖之间的舞台漂浮在水面之上，倒映着崖壁山色，呈现另一番山水意境。

悦榕庄酒店位于东侧，架空于矿坑之上，使原有地势得到保留。建筑形态以"阳山碑材"为意向，仿佛在石堆上凿开洞口，形成115间客房，使得客人能够体验在矿坑之中的"穴居式生活"。

Challenged by the giant remains of Kongshan Mine, the design, inspired by traditional Chinese painting, has created a grand landscape of the Future Garden and revived the deserted mine with ecological, innovative and artistic approaches.

An extensive mist spray system has been installed to create mist at the bottom of the mine pit, forming a sense of "a fairy land of cloud pond". A "space-time tunnel", renovated from an existing transport corridor and its shaft, offering a special experience of entering the Future Garden.

The plant garden, a botanical garden under the wave light, is covered by umbrella structures with shallow water on their transparent roofs, like a mirror of the sky, reflecting the cliff.

While the huge cliff itself also acts as a giant screen for magnificent light show. Nearly 2500 audiences could sit on stepped platforms on the other side of the mine pit to enjoy the performance on the central water stage and the light show.

The Banyan Tree Hotel located on the east end of the pit provides an experience the "cave-like life" in its solid volume which is elevated above the mine, to preserve the original terrain.

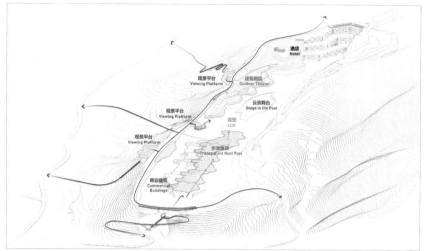

未来花园位置示意图

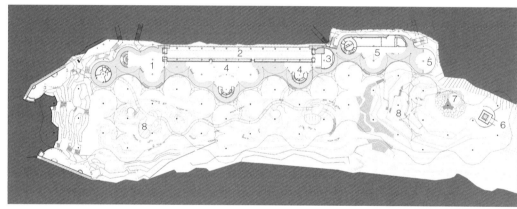

1. 展厅门厅
2. 展厅
3. 展厅休息厅
4. 商业
5. 餐饮
6. 独立楼电梯
7. 投料口
8. 室外植物花园

植物花园首层平面图

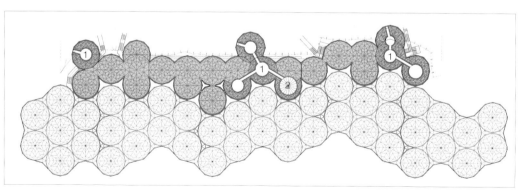

1. 观景平台
2. 进入室内的屋顶入口

植物花园屋顶层平面图

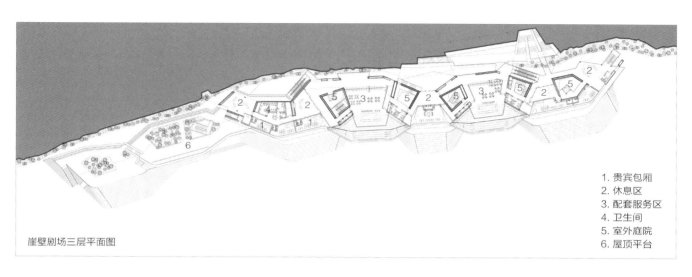

崖壁剧场三层平面图

1. 贵宾包厢
2. 休息区
3. 配套服务区
4. 卫生间
5. 室外庭院
6. 屋顶平台

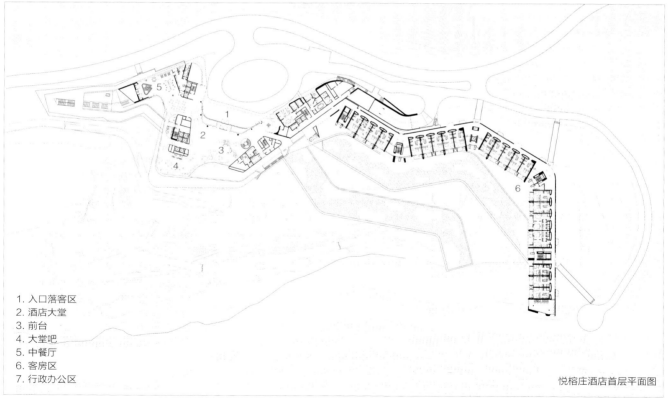

1. 入口落客区
2. 酒店大堂
3. 前台
4. 大堂吧
5. 中餐厅
6. 客房区
7. 行政办公区

悦榕庄酒店首层平面图

植物花园剖面图

竖井及火车隧道剖面图

崖壁剧院及云池舞台剖面图

悦榕庄酒店大堂剖面图

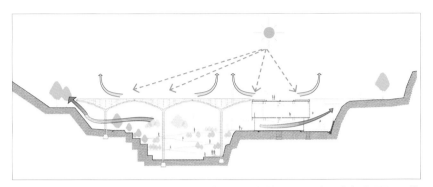

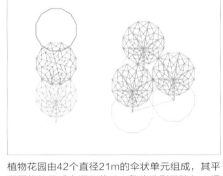

植物花园有别于传统温室的高能耗模式，通过开放四周维护界面、覆水亚克力透明屋面、增加结构单元之间拔风孔隙等低碳被动设计策略，增加了开放空间的舒适度，并且延长了舒适度时间。

植物花园由42个直径21m的伞状单元组成，其平面网格的灵感来源于莲叶，整体造型又犹如一棵棵人造的树。主体结构为不锈钢网壳结构，表面做镜面处理，融入植物环境，愈显纤细。

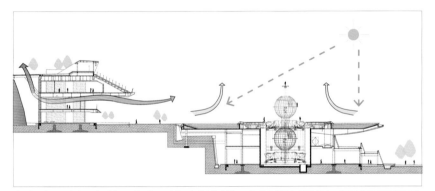

崖壁剧场通过底层与空间层架空，让气流穿过建筑，充分引导自然通风，解决靠近崖壁通风不畅的问题。云池舞台的人造水池可通过太阳辐射形成蒸发，降低周围气温，改善微气候。

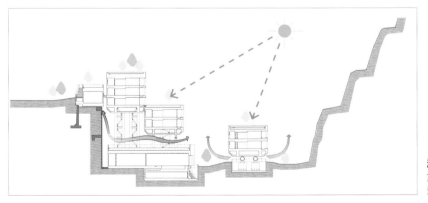

酒店客房条带架空，既保留了坑底原始地貌，又形成上下贯通空间，使气流上下联动，舒适宜人。屋顶绿化在提供景观的同时，也提高了屋顶隔热性能。

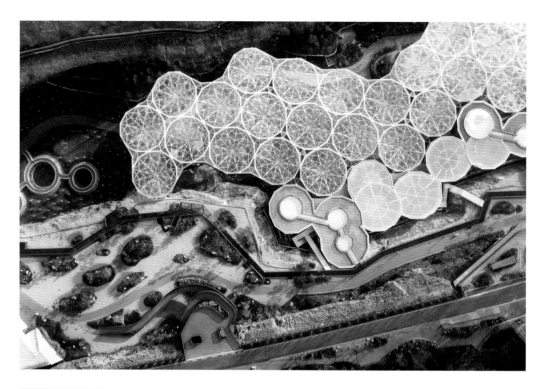

设计随笔

2018年，南京将第十一届江苏园艺博览会选址于汤山镇阳山碑材至孔山矿所在片区，这里曾是有百年历史的中国水泥厂的矿石开采地。园博园开发公司希望通过矿坑修复，将其与园博园和周边的山林连成一体，成为南京市的一个"永不落幕的花园"。为此在初期曾计划邀请国际著名建筑师来设计，但并未成功，于是，2019年6月，忙碌于园博园主展馆施工图的我们接到了园博园指挥部的"未来花园"项目的投标邀请。

当我们第一次到达场地，虽然心有准备，仍被现场巨大的尺度所震慑，50多年的人工开采所形成的巨大崖面长1100m，宽100m，深10m至22m不等，几乎竖直的南侧崖壁呈阶梯状层层叠落，高达130余米。

坑之大、崖之高，宕口巨大的空间该如何填充？

考虑到景区复合功能的使用以及园博园快速建造的周期，我们并没有采取用植被回填恢复山体原貌的方法，我们想寻找的是一种通过最少的人工方式改善自然的设计策略，一种如云雾或湖水般轻透不定的形式语言，一种可生长、可变化的建造方式，创造一种奇幻的体验场所。

我们在投标方案里描绘了矿谷未来的场景——山雨过后，荒芜的采石场升起地气，云雾渐渐注满矿坑，宕口变成了云池；溪水从山涧流下，顺着崖壁注入漂浮的湖泊，湖底是一片碧绿的植物园；人们背靠北崖席地而坐，云雾里的崖壁仿佛巨大的幕布，湖面是舞台，雾气中的彩色投光仿佛大自然的演出；在东侧高地，酒店的客房层层如石墩沿北崖展开，大厅通透，适合面向夕阳观赏矿坑胜景。我因此写下诗句："开山解石寻玉翠，喷云吐雾地气升。雾光云色呈仙境，汤山胜景在云池。"

2019年9月，园博园指挥部公布了"未来花园"的投标结果，我们以"云池"的概念获胜，方案通过修复自然的手段来营造新自然的设计策略得到了认可，此时距离正式开园只有不到五百天的时间。

未来花园有近10万m²的建筑面积，包括五个部分内容：一是改造已有140m的矿料运输通道及其竖井为游客提供进入未来花园的路径；二是在坑底制造大面积雾森，调节温湿度的同时营造山水诗意；三是将16 000m²的人工湖泊作为植物花园屋顶覆盖整个二级矿坑，营造"水下植物园"的特殊体验；四是背靠北崖设置2500座崖壁看台及露天舞台，投影南崖营造巨幅崖壁灯光秀；五是悦榕庄酒店架空

于矿坑东端，115间客房如石墩沿北崖展开，可远眺整个园区。

设计中最具挑战的是水下植物园的云池屋顶。我们创新性地大胆选用了亚克力板作为池底材料。它有通透、轻巧的优点，板块间可以化学焊接，整体性好，加入抗UV添加剂可以抵抗光老化和黄变。我们将镜面不锈钢直接用于结构，以树形单元伞作为结构，便于标准化和快速装配建造。我们选用穿孔镜面不锈钢作为配套商业建筑的立面，不仅从外看体量被消隐，从内向外还能看到无数光点，透着绿意，也构成了美妙的视觉效果。这一系列大胆的创新都依赖与多方面专家团队的通力合作，边研究边试验，边加工边安装，才能在很短的时间内建造出这片富于诗意的"透光之湖"。北京林业大学的王向荣老师利用矿坑内坑洼不平的地形，巧于因借，设计出疏密有致、游学兼宜的体验性植物园。游走其间，有阳光水影，有溪流水雾，宛若在山谷中深潭探秘。

露天崖壁剧场的建造，主要任务集中于看台和舞台，二者均采用钢结构支撑体，让看台、楼板脱开矿坑石壁。这既保护了矿坑的原貌，成为很有特色的景观，也减少了结构支护和崖壁护坡的工作量。舞台利用坑底高差做成升降台，将演职员用房隐于台下深坑，与景观融为一体。巨大的舞台水池悬于崖壁上，三角形水纹不锈钢板映射着红褐色的大地，也成了又一处引人的去处。巨大的崖壁经过消隐处理，夜晚成为巨大的天幕，投射上五彩的画面，雄壮的乐曲同时在山谷中响起。

另一处观赏崖壁演出的好地方便是东侧的悦榕庄了，这座高端酒店总是要求有特殊的环境和让客人有特殊的体验。我们没有重复以往深坑酒店的模式，而是顺应坑壁的形态和节奏，让建筑顺势而为，悬架于空中，不仅为每一间客房提供了远望观景的视野，也让架空的矿坑保持其巨大的尺度和震撼力。组合格构钢支撑与楼梯的植物攀爬网格结合，那种工业感与矿坑的记忆相辅相成。最受人欢迎的当属全景玻璃大堂的咖啡座了，蛰伏在坑沿上的大堂空间如巨岩破壁般将深邃的洞口探出空中，巨大的超白玻璃幕墙外倾，将人的视线引向矿坑美景。

每当夕阳落下，远方的景阳楼在余晖中映入透光湖面，水汽升起，云绕林间，一幅山水画卷跃然眼前，让未来和传统的意象、自然和人造的胜景合为一体！

田间地头，绿色生活
Green life in the fields

天府农业博览园主展馆　MAIN EXHIBITION HALL OF TIANFU AGRICULTURAL EXPO PARK
设计 Design 2018 · 竣工 Completion 2022

地点：四川成都 · 建筑面积：131 769平方米
Location : Chengdu, Sichuan · Floor Area : 131,769m^2

合作建筑师：康凯、吴健、张一楠、马欣、陈谋朦、蒋涧楠
Cooperative Architects : KANG Kai, WU Jian, ZHANG Yinan, MA Xin, CHEN Moumeng, JIANG Jiannan

策　略：开放、透光、导风、植绿、复合、固碳

摄影：张广源、李季、存在建筑摄影
Photographer: ZHANG Guangyuan, LI Ji, Arch-Exist

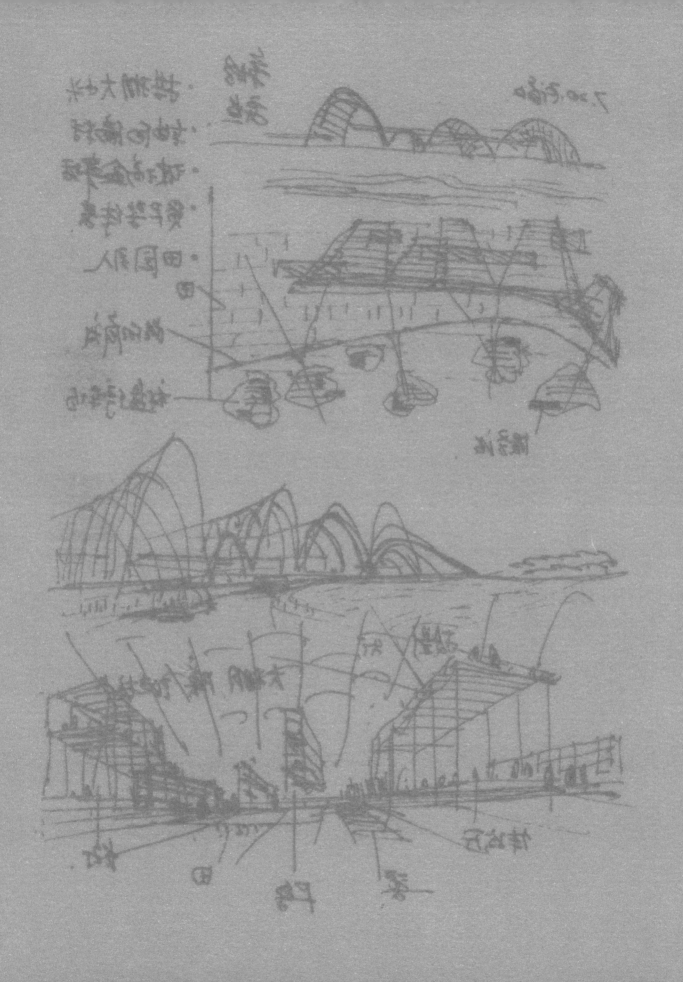

作为农业博览园中的建筑，设计主旨是融入自然美景，并与之对话，用更开放、更融合、更绿色的策略创造一种返璞归真的田园生活，实现"打造田间地头的农博会"的愿景。

为了让展馆最大限度拥抱田野，五个展馆呈指状打开并向羊马河伸展。展馆之间，用开放的景观步道替代传统展馆封闭的后勤通道，将羊马河景观与大田相交织。建筑功能以会展会议为主体，常设文博、文创功能作补充的功能复合模式，实现真正意义上办田间地头"永不落幕"的农博会的目标。

拱棚遮蔽的半室外公共空间，用于休憩、通过等功能，不使用空调，仅在室内的功能性小空间使用空调。通过缩小用能空间，大幅降低了建筑能耗。棚架主体为木结构，木材作为固碳材料，有着天然的肌理和温润的色彩，与大田轻轻接触，表达了主展馆生态建筑理念。木材均为CNC数控机床加工，在施工现场吊装拼装对接，装配化施工。

彩色透光的顶棚融入大田色彩，膜材色彩搭配由暗绿、瑰红和浅褐组合，逐渐过渡到浅绿、橘红和明黄搭配透明膜材的组合。上下叠搭的膜材防雨百叶，提高了建筑室外活动平台舒适度和消防安全性。

The design of the agricultural expo garden's main exhibition hall aims to merge the venue into the landscape and promote a green and modest lifestyle with an "agricultural expo held in the field".

To fully embrace the fields, pavilions extend to river bank like five fingers, with open walkways located among them, integrating the landscape of river with the vast fields. The main function of the park is conference & convention, with cultural creative display as a complementary function, achieving the goal of an "all-year-round agricultural Expo".

Semi-outdoor spaces covered with arched sheds are non-air-conditioned, with only a small portion of spaces air-conditioned, thus effectively reducing energy consumption. The main structure of the sheds is built with wood, which is a minus carbon emitted material with natural texture and color. Gently touching on the fields, the sustainable concept of the main exhibition hall is conveyed through its prefabricated structure.

The lucent colored shed, covered with membranes with random colors forming a gradient pattern, seems to merge into the fields. It's also equipped with rainproof shutters.

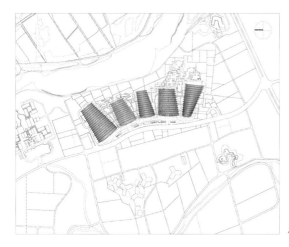

总平面图

1. 会议室　　　5. 棚架下展场　　　9. 文创孵化办公区
2. 宴会厅　　　6. 会展办公室　　　10. 商业
3. 贵宾区　　　7. 农耕博物馆展厅　　11. 下沉庭院上空
4. 宴会服务　　8. 企业展厅

首层平面图

建筑空间拆解图

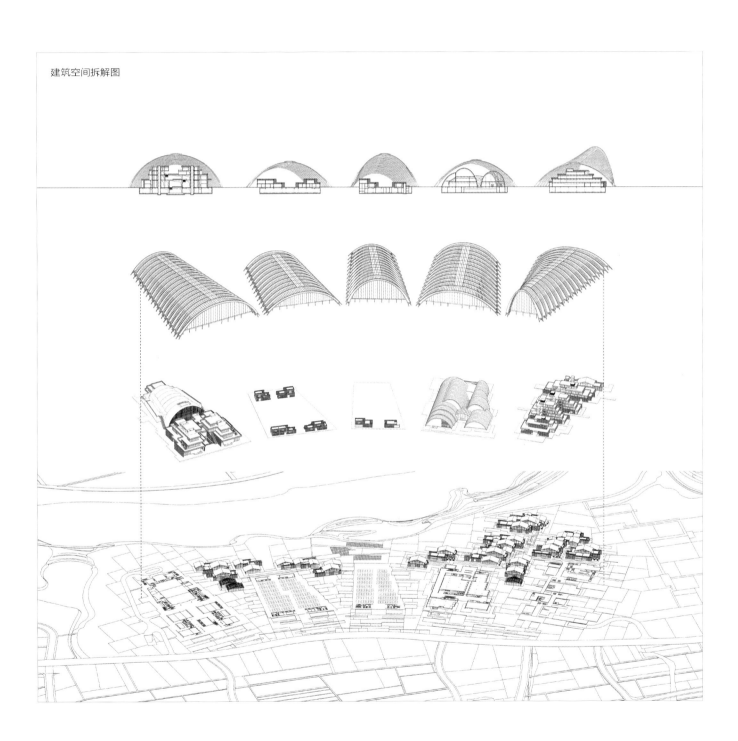

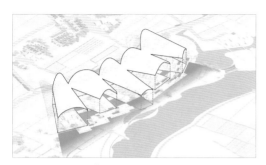

五个展馆呈"指状"打开，面向羊马河，用开放的景观步道代替传统展馆封闭的后勤通道，使得河景与田园景观互相渗透，最大限度拥抱自然。

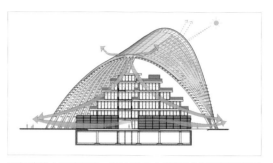

回归种植大棚的原型，在大田之上撑起5个轻巧通透的巨型木棚架，每个拱棚前后不封闭，底部架空，形成具有自然通风采光的半室外展厅。

沿羊马河一侧的商业建筑体量被打散，掩映于农田之中，尽量减少环境负荷。

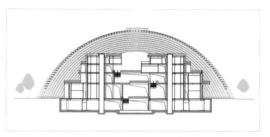

棚架下的大空间不使用空调，内部功能性小空间使用空调。减少用能空间降低能耗。公共休憩空间尽量设置在室外或半室外，同时多设可开启窗。

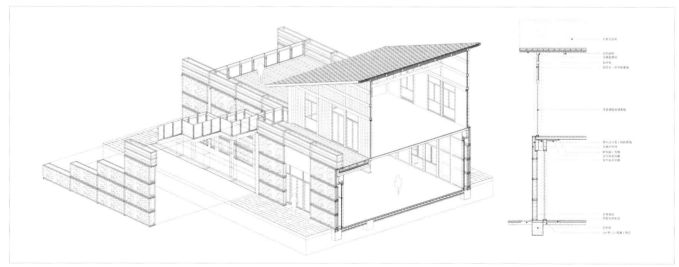

林盘商街石笼幕墙墙身详图

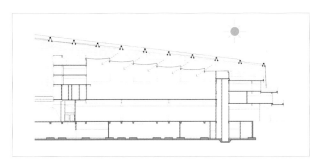

采用大量高侧窗、天窗，使更多房间获得自然采光，丰富室内光线感受。

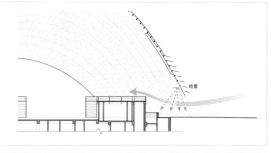

在建筑侧面开设通风口，充分引导自然通风，同时结合开口设置降温喷雾，达到降低中庭温度的目的。

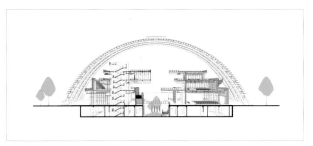

设置大量檐廊、连续雨棚、架空层等半室外空间，同时结合交通空间设置半室外庭院，营造舒适、绿色的环境。

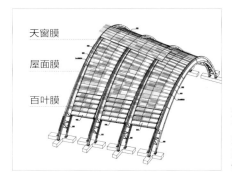

透光ETFE彩膜，丰富了棚架下的空间光线感受，让人们体会到温暖的自然气息和丰收的喜悦之情。

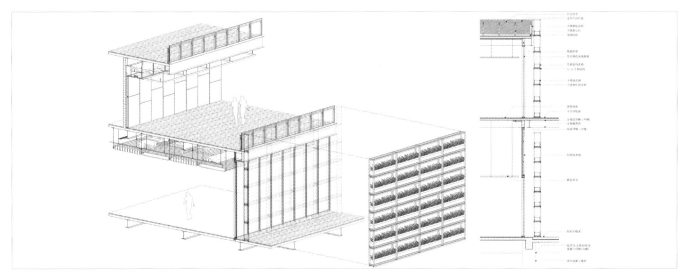

会议中心绿植幕墙墙身详图

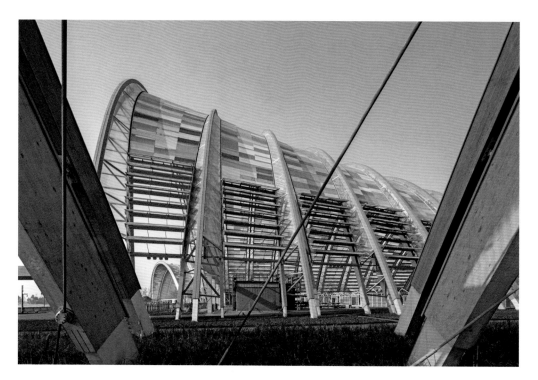

设计随笔

天府农业博览园位于成都远郊的新津区，是一处展示农业生活的乡村振兴示范园区。园内阡陌交错，林盘密布，水网纵横，休闲绿道串联。在这里，田园变成了公园，农舍变成了客房、传统的乡间劳作变成了寓教于乐的体验，到处散发着美丽新乡村的勃勃生机。农博园的主展馆就选址于一望无际的稻作农田中。"打造田间地头的农博会"，对我们来说既有趣味又充满挑战。

为了最大限度地拥抱田野，我们将展馆分开设置而非紧靠在一起。五个展馆呈指状打开并向羊马河伸展。我们摹仿种植大棚的建筑原型，在大田之上撑起五个轻巧通透的巨型木拱棚架，每个拱棚前后不封闭，侧面底部架空，形成了自然通风采光的半室外展厅。这区别于普通会展建筑，更接近农贸市场的模式。展厅内标准化的搁架单元既可以组装成农产品的展架，亦是装配式的结构构件，可随意搭建形成丰富的形态，营造出具有开放性、体验性和亲切感的农产品展销空间。我们还在拱棚上铺设阳光板，不同颜色的板块单元打散重组，呈现出像素化的斑斓色彩，建筑悄然与丰收时节的田野融为一体。

要实现真正意义上的办在田间地头"永不落幕"的农博会，单一的展览功能远远不够。业主和产业策划团队加入会展会议、文博、科创、办公以及餐饮服务等一系列功能作为日常运营主体，并通过多元互动的业态实现未来的可持续发展。这就出现了大棚内植入不同功能体的独特状态，也为探索绿色节能的建筑范式带来了难得的机会。

我们因势利导，采用了"大空间不用能，小空间少用能"的方式。大空间满足一般性能的使用，不用空调，小空间作为高性能的功能体，使用空调，这样使空调使用量减少；大空间结构以集成木为主，提供了大量的固碳指标，小空间结构用装配式钢结构，减少装饰；大空间通风采光遮雨，完全开敞，小空间界面通透灵活，易于因时而变。这些做法不仅有效地压缩了用能空间，而且创造了与田园融为一体的绿色生活空间。

拱架结构选用木材，主要是因为木材在生长中可以吸收二氧化碳。现代胶合工程木抗压强度高、韧性好，火烧时只要形成足够厚度的碳化层，就可以保证里面的材料不会损毁，耐火性能甚至优于钢结构。这些特性均可满足拱形大跨度结构体系对材料的各种需求。从美学角度看，木材天然的肌理和温润的色彩也是表达农业有机建筑最贴切的选择。为此，我们又一次找到曾在海口市民游客中心项目中有过密切合作的加拿大木结构顾问团队Structure Craft Builder，共同深化木结构的设计。

与很多木结构项目不同，主展馆棚架有部分构件暴露在室外环境之中，成都常年阴霾、夏季湿热多雨的特殊气候更对木材的耐久性提出了严格的要求，暴露在室外的木材选用耐候性、硬度俱佳的落叶松，室内部分则选用云杉，其木质细腻，色彩温和，造价也较之落叶松更有优势。除了有针对性地选择树种的策略外，木材表面还需进行5道耐候漆涂装。

为了满足大跨度的要求，同时不让木拱过于粗笨，主展馆棚架结构采用钢木混合桁架结构，桁架的上下弦梁采用胶合集成木，腹杆则采用钢材。在结构节点设计上，比如桁架拱的变截面处理不仅让结构自重减轻，同时还节省了木材用量；腹杆与上弦杆的连接节点被优化成螺栓连接，杜绝了现场焊接施工的安全隐患；隐藏在下弦杆内侧的腹杆连接节点让施工组装更加直观等。这些结构细节上的创新，不仅使结构受力更为有效，同时也兼顾了施工的便捷。当结构体系成立后，非线性双曲屋面形态给深化带来了难题，例如由高到低的屋脊线造成每个拱屋脊标高不同，而同一跨拱的一根下弦杆标高会比另一根略有变化，加上整跨桁架变截面的效果，使三角形腹杆的几何尺寸基本无规律可循。用常规的深化设计方法根本无法处理如此大量的数据，参数化设计便成为唯一的选择。整个设计过程运用了Rhino、Grasshopper、Karamba3D等多种参数化软件相互辅助进行设计，并建立了详尽的数字化模型。77跨不同跨度和高度的桁架拱最终由6万多个不同尺寸的钢木构件实现。其中5号馆棚架首品桁架高度最高，最高点达45.5m，1号馆棚架首品桁架跨度最大，跨度达到了118.9m。

木材原料均选自欧洲高寒地带，木构件在奥地利、瑞士工厂采用CNC数控机床加工成成品后，搭乘中欧专列运输至施工现场。构件加工、木构件分段定位、CNC加工等数据文件均通过数字化设计模型自动导出生成。在运输前，为了将运输效率最大化，甚至还特别生成了专门的集装箱内部构件布置图。在施工中，先进行木棚架整跨桁架在现场工厂的小段拼装，再进行场地上的吊装段拼装，然后到空中吊装段对接，最后进行整体棚架就位后的支撑架卸载，每个步骤都严格依照预先规划好的施工组织流程进行，并通过三维模型生成的数据参数控制每个步骤的施工精度。从初期摸索阶段的三周拼装一跨，到最后的三天可以搭设两跨，木结构大规模的拼装和吊装在短时间内得以实现，均得益于数字化设计与装配式建造的无缝对接。

项目初期拱棚材料选用彩色阳光板，在消防审批中，部分专家对此提出了质疑：认为其中的聚碳酸酯在火灾时遇火会熔化，其高温滴落物有可能对棚架下方的消防扑救和疏散造成威胁。为此，我们对材料进行优化，将阳光板用更轻、更耐久的ETFE彩膜替代。ETFE膜材厚度仅为0.2mm，遇火即可熔透，棚架内烟气随即可通过洞口迅速排出。此外，我们还将膜材做成上下叠搭的防雨百叶，并以各馆内部建筑室外活动平台的标高为依据进行布置，既有效减少了烟气在平台位置的聚集，也提升了平台的观景效果和使用舒适度。百叶和封闭膜材随即产生了实虚相间的视觉反差，进而形成了意想不到的立面变化。

ETFE膜材同样可以定制成丰富的颜色，从下往上，膜材色彩搭配由暗绿、瑰红和浅褐的组合渐变为浅绿、橘红和明黄的组合。为了打破稍显沉闷单调的色彩组合，我们在色块之间随机加入了500mm宽度的窄条透明膜。

同时，为了进一步提高降温效果，我们还在底层棚架架空的结构顶部增加了喷雾系统。ETFE膜材单元在工厂通过机器高温焊接形成整幅彩膜，现场只需通过对预先穿在索套里的拉索施加张力就可以轻松将整幅膜材固定在屋面之上。百叶单元也在工厂内加工拼装完成，现场组装时均用螺丝和卡件固定。

棚架内地上建筑部分采用钢框架结构体系，我们将幕墙构造与结构脱开进而形成独立且连续的室内封闭界面，这也使得钢柱、钢梁可直接外露，省去了封装大量保温和防火涂料表面的繁琐。钢柱表面、工字钢梁侧面用不同饱和度的绿色随机分段涂刷，形成了立面别具一格的色彩和肌理；我们将种植槽、滴灌系统、花槽组合在标准钢架单元内部，进而组合成绿植幕墙，并在施工中一次装配到位；所有建筑外廊均采用开放式吊顶系统，其中吊挂的2m×2m的镂空金属格架单元可以根据功能需要随意组合，既可以嵌灯也可以局部封装金属网遮挡管线。在会议室里，我们还在格架之间嵌入不同颜色的吸声条板，抽象表达了纵横交织的田耕肌理。为了获得"前展后品"的体验性，羊马河边设置了一条饮食街，也是城里人周末的休闲度假之所。我们用简单的钢框架结构装配出有川西民居特色的小建筑，框架之间填充

暖色的竹木墙板和简洁的玻璃大窗；框架则是石笼墙，石料取自羊马河滩的卵石。屋面错铺深灰色陶板瓦，檐下是细腻的竹色格栅，以营造质朴而不失精致的川西特色。最终单体组合成群体，进而形成一个个由商街串联的林盘村落。

为了防止鸟误入筑巢，我们在每个木拱棚架端头垂挂了通透的LED网屏。LED灯点在工厂集成在轻巧的铝管表面，铝管间距100mm排列，形成2m×2m的网屏单元。木结构与底部的钢框架之间以2m间隔张拉钢索，网屏单元通过横向龙骨固定在钢索之间。横向龙骨既是起稳定作用的结构，也是网屏单元串联的设备带，适配器、电源、电线被预先固定在100mm×150mm的空腔中，随拼随接。装配完成后的网屏白天形成了轻透如纱幔的立面，夜晚成为田园上的巨幅大屏幕。图像转换之间，忽明忽暗，忽透忽掩，呈现出一种飘忽不定的奇幻效果，成为天府农博园亮丽的一景。

农田沃野，千里弥望。主展馆的彩膜拱棚与油菜花的鲜黄、稻苗的油绿、麦穗的金橙、沃土的深褐相融，呈现出四季轮转的变化。在主展馆周边的景观设计中，我们茂林修竹，营造乡间野趣，以衔接大田景观的壮美与辽阔。

在前广场上，大穗狼尾草密植成"田"，朴树、皂角、香樟搭配成团，形成一个个可以驻足休息的林盘绿岛。硬质广场用聚合物混凝土分仓浇筑，并蔓延进开放的棚架之中。混凝土母料中添加了不同色彩的矿物粉料和粒径不同的碎石骨料以呈现土壤的天然色彩和质感，土黄、深褐、棕红随机组合，进而形成肌理丰富的地面板块。在羊马河畔，我们用自然缀花草坡和色叶林带与原有水岸密林衔接，在棚架之间用不同花期的草本搭配形成开阔的草甸，又将丛丛密竹点缀其中，并用料石小径串联。在林盘商街中，我们在建筑周边栽种高大密实的慈竹，竹林之中是用卵石铺底的野溪和池塘。庭院、广场、街道的转角则用柿子、酸枣、香柚树点景，打造集生产、生活与景观于一体的乡村生活场景。

在五个拱棚的西侧，有一片科技农业示范田。农民自发将农田整合在一起，优化田埂线条，栽植新品种作物，并引入智能喷灌设备，实现全生长周期的全自动化监控、配料与种植。从空中俯瞰，由最新旱稻品种"紫米旱稻"栽种的"中国天府农博园"七个大字赫然在目，书写着大国农业振兴的气概与情怀。

开放木构，绿色客厅

A city plaza shed by timber roof

海口市民游客中心　HAIKOU CITIZEN & TOURIST CENTER
设计 Design 2017　竣工 Completion 2018

地点：海南海口　建筑面积：28 976平方米
Location：Haikou, Hainan　Floor Area：28,976m²

合作建筑师：康凯、朱巍、张一楠、马欣、李俐
Cooperative Architects：KANG Kai, ZHU Wei, ZHANG Yinan, MA Xin, LI Li

策　略：开放、遮阳、导风、减量、固碳

摄影：张广源、李季
Photographer: ZHANG Guangyuan, LI Ji

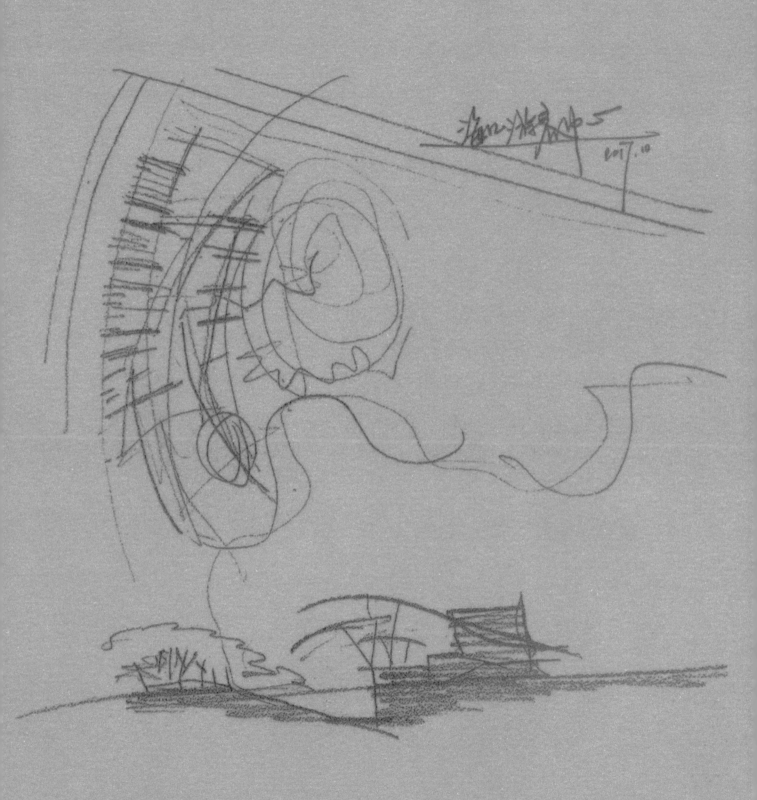

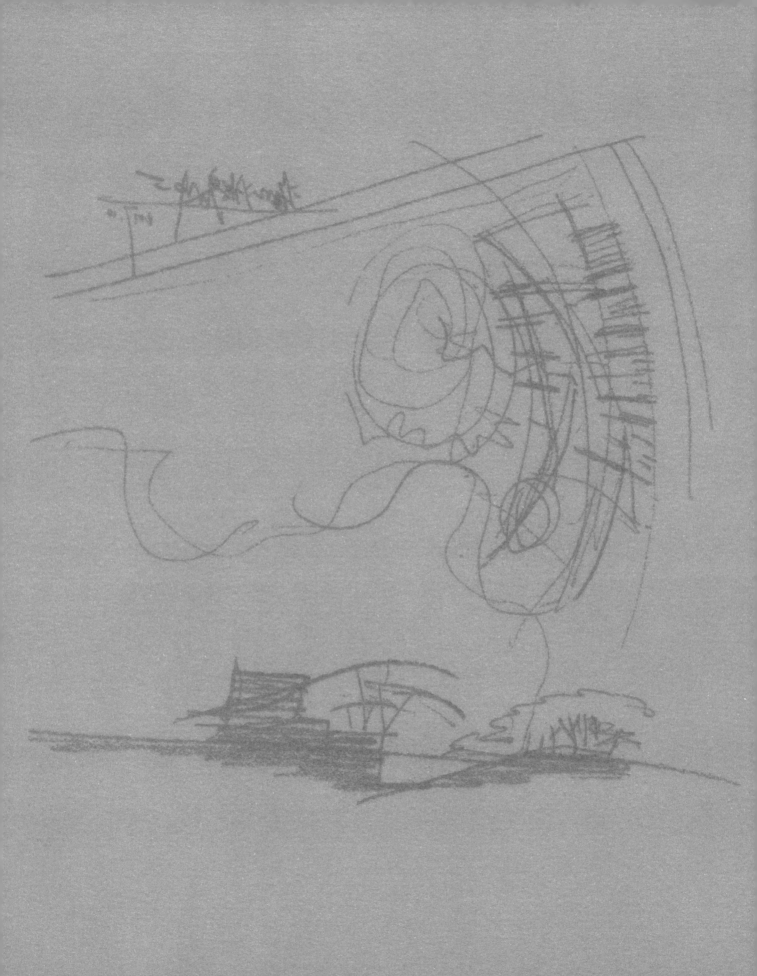

　　海口市民游客中心位于海口滨海公园内，靠山邻水，容纳城市服务及旅游服务等功能，同时设有城市形象展示场所。建筑整合城市及沿湖的空间，将当地传统的骑楼街巷的图底关系融入建筑中，在一层和地下一层分别形成内街和带型下沉广场，将建筑自然划分为东西两列。东侧靠山的部分与山体相结合，错落有致地处理为几个盒状体量，插入山中；西侧与现有的青少年活动中心和港湾小学形成连续界面，并遮挡附近变电站对沿湖视觉环境的不良影响；内街南端以一个伸入公园内湖的体量，形成对景。

　　建筑屋顶形态取意海口独有的民居、海洋、自然形态，三片木结构屋面由若干V形钢柱依次撑起，不仅以起伏的形态形成丰富的视觉效果，更为半室外开放街巷提供了遮蔽。支撑构件为钢结构，主梁、次梁、屋面板均采用木结构。屋面采用红雪松木瓦，色彩变化自然，能够与环境充分融合。

Located in Binhai Park of Haikou, the Haikou Citizen & Tourist Center provides services to both citizens and tourists while showcasing the image of the city. The "figure-background" relationship of traditional arcades and alleys was applied in the design of the major parts of the building, with an interior street on the 1st floor and a belt-shaped sunken square dividing the building into two parts. The eastern part has several cubical volumes embedded into the mountain; the western part forms a continuous facade together with the Youth Center and Gangwan Primary School while weakening the negative visual impact of a power grid company's building on the lakeside.

Three pieces of timber structured roof, the shape of which resembles the outline of local houses and waters, are supported by several V-shaped steel columns and covered with red-cedar tiles, providing shelter for the semi-outdoor spaces.

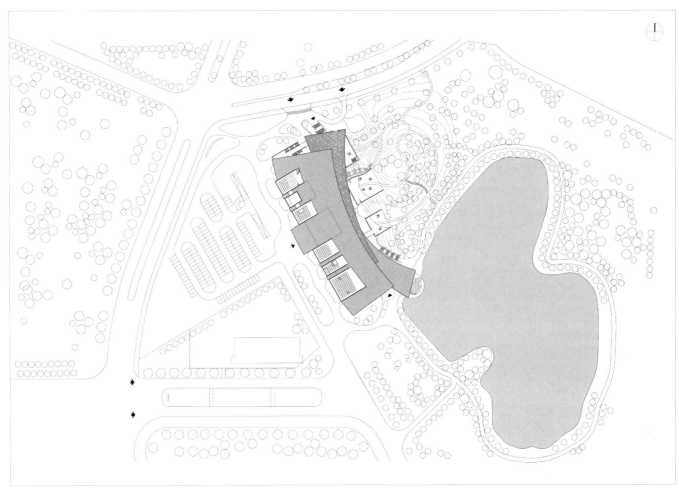

总平面图

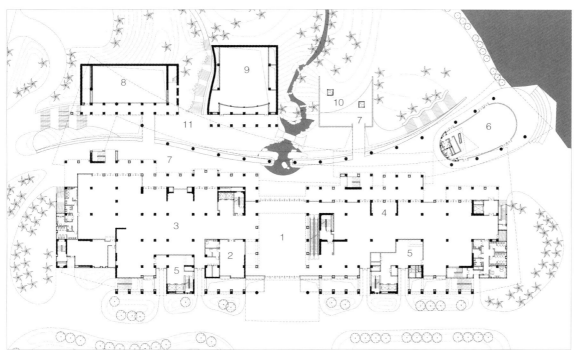

1. 接待大厅
2. 贵宾接待室
3. 智慧城市数字展厅
4. 规划展厅
5. 办公区门厅
6. 多功能厅
7. 室外平台
8. VR展厅上空
9. 报告厅上空
10. 咖啡厅上空
11. 下沉广场上空

首层平面图

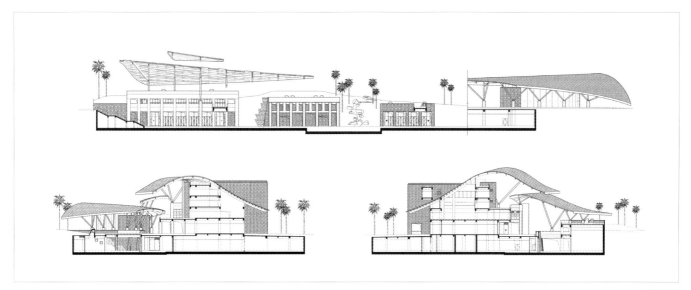

剖面图

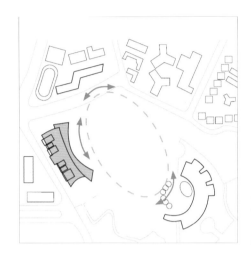

公园原有界面破碎，新建建筑体量
设于湖边一隅，呈长条状，退让出
足够的空间，与其他几座建筑共同
塑造滨湖界面。

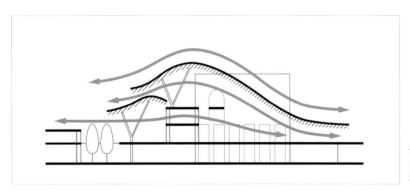

设计通过连续错动起伏的屋顶形成
多层次的导风遮阳顶棚，提供高舒
适度的檐下休闲开放空间。

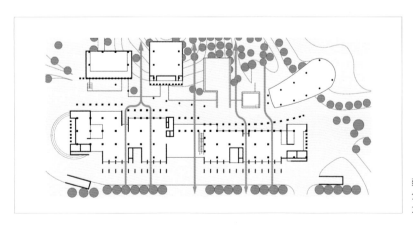

建筑面向主导风向与水面方位采用
分体式布局，间隔出的"风廊"最
大化地促进风压气流的引入。

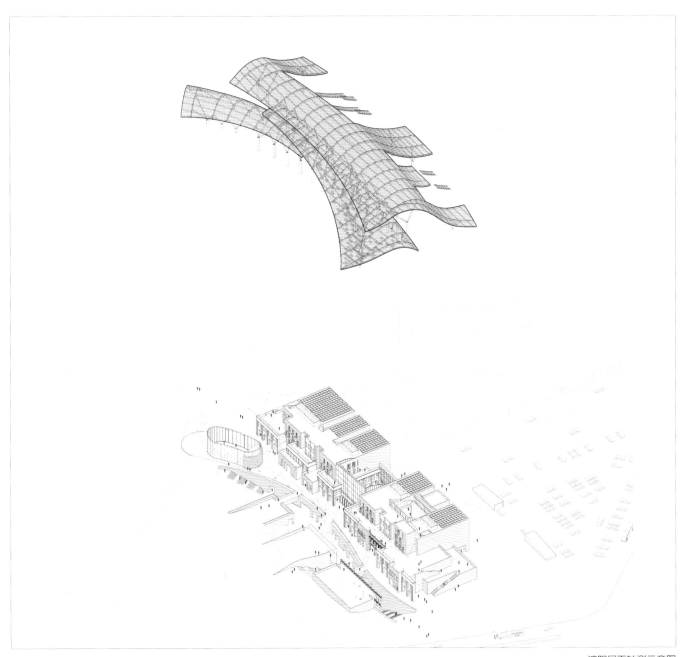

遮阳屋面轴测示意图

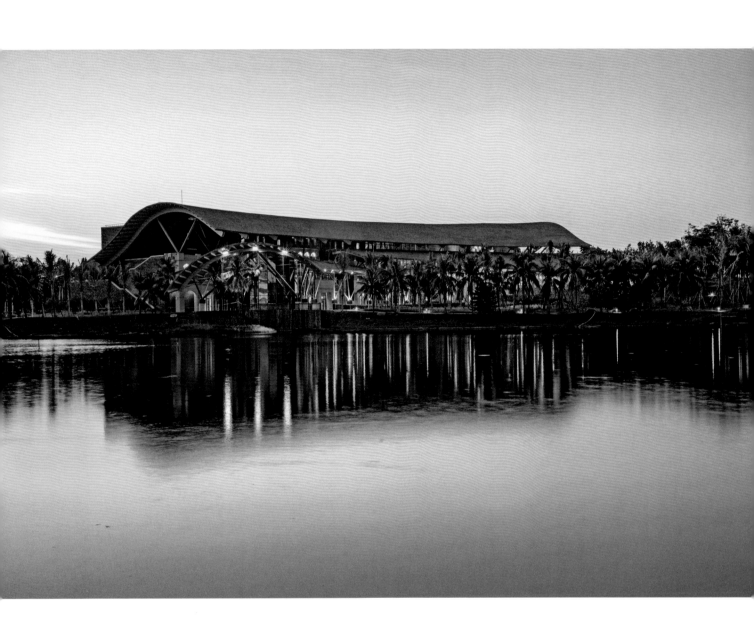

设计随笔

海口市民游客中心是海口"城市双修"的试点项目，集城市形象展示、便民利民服务、城市综合管理"三大功能"于一体。

建筑选址于海口市滨海公园是"三园合一"的核心区域，园中有一处小湖，旁边有一座小丘，水边椰林葱郁，是海口市民一处晨练休闲的场所。为了削弱建筑体量对公园的压迫感，我们将建筑设置在公园西北角一处狭长用地上，并将建筑偏转角度环绕现状山体布置，保留了用地北侧小学和公园之间的视线通廊，也有效遮蔽了公园西侧电站对公园景观的干扰。整个建筑的功能布局也随即围绕开放空间的设计而展开，我们保留了现状小山并把步行街放在建筑主体与小山之间，一侧报告厅、多媒体展厅、咖啡书屋等多功能空间嵌入山体，另一侧是海口传统的骑楼空间和错落的平台，形成了开放式立体街道。办公功能沿城市道路一字排列，北侧是"12345"热线，南侧是城市管理平台；两个功能组团通过中间的公共大厅连接，并各自拥有独立的入口。城市展厅布置在首层和地下一层，并朝向街道尽量开放，形成半室外的活动空间。

海口地处低纬度热带北缘，气候湿热多雨、全年日照时间长，年平均日照时数2000h以上，太阳辐射量可达11~12万卡。在这样特殊的自然气候条件下，为了创造更多舒适的半室外空间，我们用轻巧的V形钢柱撑起巨大的曲面木屋面，成为市民、游客遮阳避雨的室外大厅。为了抵抗西向烈日的辐射，朝西的外窗狭长且凹入厚重的火山岩墙体，方体之间的窄缝既强化了立面形体关系，又形成了天然的拔风廊道，起到了很好的通风降温作用。东向立面朝向公园，大部分建筑位于棚架之下，因而使用更多通透的大窗和落地玻璃幕墙将公园景观引入室内，建筑形体的组合丰富多变，形成了高低错落的观景平台。我们也利用日照的优势，在平屋顶上铺设了大量太阳能集热板，利用太阳能作为室外夜景照明和值班宿舍生活热水的主要能源。因为公共空间高大，上部用于排烟的开启窗扇平日很难开启，所以我们在公共大厅、水边多功能厅、地下开放展厅等公共空间面向棚架一侧设计

了连续的玻璃门扇，使得室内能够实现自然通风换气。从后期运营效果来看，这些生态措施有效降低了建筑能耗，全年大多时间室内都可以不使用空调，只要将玻璃门全部打开，就能享受湖面吹来的徐徐凉风，惬意非常。

海口自然生态环境优美，但城市建设一直没找到海岛特色的模式，我们在这个项目中选用木屋顶，就是希望探索建筑的海南范儿。现代胶合木工艺结合先进的木材防腐处理技术，即便长期在潮湿高盐的海洋空气中也不易腐烂变质，同时也可以避免胶合木构件受到白蚁侵害。胶合木表面燃烧后会形成一定厚度的碳化保护层，经过简单的防火处理，就能满足规范规定的结构构件耐火时间的要求。木材本身具有吸湿、环保、隔热等特性，其可再生性更是降低能源消耗和资源转换的有效措施。但是国内很多年来不允许建筑中使用木材，连古建筑所用木材亦多为进口，因而缺乏现代木结构的设计经验，为此我们邀请了加拿大Structure Craft事务所合作。

树枝状组合钢柱将胶合弧形木梁撑起，并通过钢板、螺钉与木弧梁连接，长度450~600mm、直径8~11mm不等的全螺纹碳钢合金螺钉呈45°穿过钢板钻入木梁。相比传统的对穿螺栓和钢板的全刚性组合方式，用螺钉固定的节点形成了一种介于铰接和刚性连接之间的半刚性连接状态，在获得最大承载力的同时还具备更好的延性表现，能更有效率地平衡极端台风天气作用下产生的结构位移与变形。胶合木弧梁受拉应力比较大的位置，还植入了半螺纹螺钉，防止木材变形、拉裂。

木次梁沿主梁曲线方向间距2m固定，其上固定双层花旗松胶合板。两层胶合板错缝安装，受力牢固且不易变形。上层的胶合板做防腐处理，下层则涂刷透明的防腐、耐候漆，以保留温润的木材色彩与自然纹理。屋面面层由双层SBS防水膜和架空木瓦系统组成，整个屋面由35万片红雪松瓦拼成，加厚的红雪松木瓦通过顺纹劈切的技术制作，有效避免了瓦片受潮可能产生的弯曲变形，楔形截面也让瓦片

在强风下的受力更加合理，同时减轻了自重。我们在两层瓦片之间的搭接部位尝试增加了新型防水材料——防水透气膜，可以有效隔绝雨水的层层渗入，反向透气性又能在晴天将滞留在瓦片中的水分蒸发透出，大大延长了瓦片在热带气候中的使用寿命。

此外，为了让木构棚架显得更加轻巧，我们将原本笨重的大截面木梁一分为二，形成双拼梁，100mm宽的窄缝同时也巧妙隐藏了机电设备管线，并在棚架跨度大、支撑弱的木梁两端张拉钢索以平衡木梁的水平推力。为了防止雨水从木梁端进入内部，除了涂刷端头封闭剂，我们还用精致的金色铝镁锰装饰扣件将其逐一遮蔽。在三片自由曲面木结构屋面设计中，我们充分利用数字化设计与建模工具（Rhino+Grasshopper）建立了形体生成逻辑。屋面的整体结构由66根弧形双拼云杉胶合木梁和825根胶合木次梁组成，为了降低弧形木梁的加工难度、提高木梁形态的标准化程度和加工效率，设计采用三根弧线作为高、中、低三片木梁形态的"母线"，通过对"母线"形态、平面位置及高度的调整，使其形成不同的曲面形态，再通过每根"母线"截取范围的变化确定木结构屋面的边界，从而生成屋面的整体形态。这种方式大大减少了木梁的形态类型，为后期的深化、加工、建造打下了良好的基础。

游客中心的木结构屋面是大跨度木结构在国内的首次应用，原材料供应、加工、辅材在国内工程中均无案例和标准可循。为了保证结构安全和工程品质，我们最终与业主达成一致，木结构屋面采用原材料国外采购、加工与国内组合、拼装的施工组织模式。在短短两个月内，奥地利的云杉胶合木梁、木檩条，加拿大的防腐红雪松木瓦和花旗松胶合板，意大利的高强胶合木专用螺钉，美国的胶合木防火漆和德国的水性耐候面漆均严格按照计划时间，陆续、有序抵达海口，全球木结构材料资源的有效调配无疑是工程推进的有力保障。屋面木结构体系的弧形双拼胶合木梁及胶合木次梁均由数控加工方式（CNC）进行下料加工。在深化设计阶段，后期现场安装所需的一切条件均在数字化模型中设计好，并以此导出用于数控加工的文件。其中涉及两个重要方面：其一，由于木梁采用进口胶合木，海运40ft集装箱（国际通用标准）内侧长度不能超过12m，深化设计阶段利用数字化模型对木梁进行合理拆解，符合国际运输需要的同时控制装箱成本；其二，按照不同位置的受力要求和状态对分段木梁选择不同形式的连接方式，如企口连接、钢板插芯连接等，并且将连接木梁所需的钉孔、钢构件卡槽在数字化模型中进行建模定位并导入加工文件，以保证现场组装的精确度和结构受力的可靠性。

分段木弧梁及木次梁到达现场后需要进行保护剂处理及预拼装，再通过施工现场吊装，在空中完成整体拼接。其中屋面最长木梁为58m，整体一次吊装最长的木梁构件为37m，重量将近8t。如此巨大的构件要达到高效准确的装配化建造，得益于整体数字化加工模型的控制及与数控加工方式（CNC）的紧密结合。由此，从木梁整体形态到每一个连接节点的精确加工，再加上车间预拼装和现场吊装定位的高效配合，施工现场的每个环节都严丝合缝，一气呵成。短短3个月时间，整体木结构和木瓦屋面安装完成，并且保证了极高的建筑完成度。

项目完工拍摄时，游客中心已经开始运行，最初预想的场景在短短不到一年之后一一呈现。在优美舒缓的滨海公园内，这栋建筑静静地掩映在椰林树影之间。随着时间的推移，木瓦渐渐呈现出与周围环境更加协调的质感和颜色，红色的火山岩墙面也悄悄地披上绿色的外衣。阵阵浮起的水雾随风穿过大厅，让顶着炎炎烈日而来的市民游客顿时神清气爽。曲折、变化、层次丰富的空间随着人们在步行街的穿行，不断展现在眼前，细腻的骑楼线脚、精巧的百叶窗扇、一盆盆吊挂的绿萝藤蔓与粗犷的暖色木屋架相得益彰……日落之后，淡淡的暖光将整个建筑笼罩，木构屋面仿佛徐徐拉开的金色大幕，骑楼街道上灯影阑珊，树影婆娑，呈现出诗一般的静谧。

竹棚如叶，识风顺水
A bamboo wing leading the wind and the water

海口美舍河湿地公园生态科普馆　ECOLOGICAL SCIENCE MUSEUM IN HAIKOU MEISHE RIVER WETLAND PARK
设计 Design 2017　竣工 Completion 2018

地点：海南海口　建筑面积：28 976 平方米
Location：Haikou, Hainan　Floor Area：28,976 m^2

合作建筑师：康凯、朱巍、张一楠、蒋涧楠
Cooperative Architects：KANG Kai, ZHU Wei, ZHANG Yinan, JIANG Jiannan

策　略：融景、覆绿、遮阳、固碳、本地材料

摄影：张广源、李季、张锦影像工作室
Photographer: ZHANG Guangyuan, LI Ji, Zhangjin Photography

海口湿地椰树叶转

　　生态科普馆位于美舍河凤翔湿地公园北侧，依地势起伏而建，充分融入地形。建筑形态如同芭蕉叶，四片钢结构上人屋面由低至高错落展开，撕裂的芭蕉叶将主体建筑分割成若干庭院，庭院通过墙内走道相连通。南北向顺应地势设置的连续挡土墙，不仅丰富了建筑外观，更营造出遮阳挡雨的半室外亲水空间。建筑内部主体是两个相互贯通的大空间，空间通过后侧阶梯相连，主要作为湿地科普展示和湿地互动娱乐功能使用。

　　建筑布局尽量保留现状树木及山坡、绿地，并针对不同功能和景观要求，采用相应的树种配植，尽量利用原有植被和乡土树种。结合湿地布置的景观平台，并有部分延伸至内湖中，既满足疏散需求，又与湿地景观相融合。

Located to the north of Fengxiang Wetland Park, the Ecological Science Museum goes along the terrain and merges itself into its site. The shape of the building, resembling banana leaves, were covered with 4 pieces of steel-structure walkable roof arranged at different heights. The splitting of the banana leaves has divided the main building into several courtyards, which were connected with corridors. Continuous retaining walls going along south to north have created a semi-outdoor waterfront space for shelter. Two large spaces for wetland science exhibition and interactive entertainment constitute the main part of the building, with stairs at their back serving as the connection between them.

On the site where much of existing vegetation were preserved, and some wetland platforms extend to the lake.

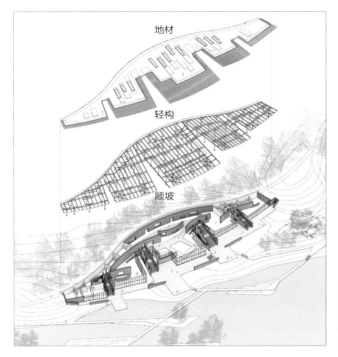

地材

轻构

顺坡

展示馆摒弃传统封闭型行列式展厅布局，顺应地势生成一叶芭蕉，使得建筑与使用者最大限度拥抱湿地。展厅中部打开形成庭院，并向湿地延伸，缝隙之间开放的景观步道和顺应场地高差的台阶替代了传统展馆的封闭院墙，使建筑空间与湿地景观相互交织。

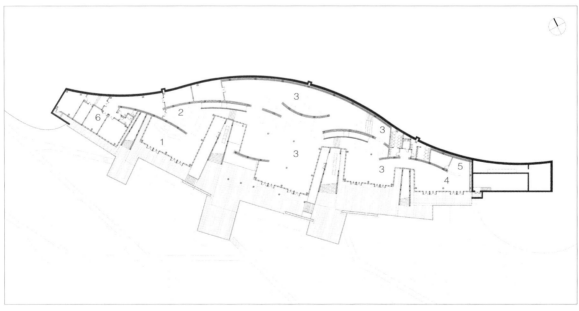

1. 门厅
2. 序厅
3. 展厅
4. 咖啡厅
5. 服务台
6. 办公室

首层平面图

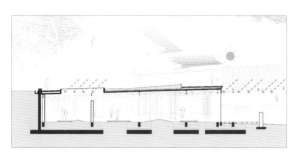

沿屋面肌理，在室内空间上空设置天窗，半室外空间上方设置竹格栅百叶，既加强自然采光，也形成了丰富的空间效果。

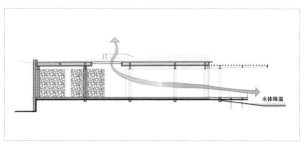

屋面天窗可形成烟囱效应，增强热压通风，同时利用周边水体降温，实现有效增加室内散热量，改善热环境的作用。

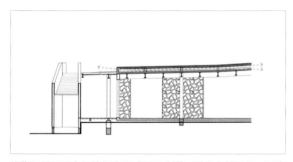

依靠双层屋顶之间的架空形成通风廊道，引导自然通风，可实现隔热、防潮作用。

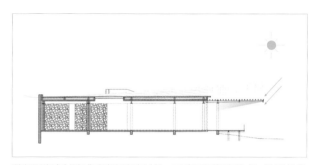

避免阳光直射造成眩光和室内过热，对应不同朝向特点，选用外檐廊、阳台、遮阳板等建筑构件提供水平遮阳。

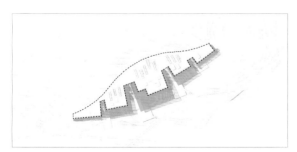

在全年气候适宜地区，插入的室外生态庭院将外部环境延伸至室内，将自然景观延伸至棚架下方，模糊了建筑与自然边界。

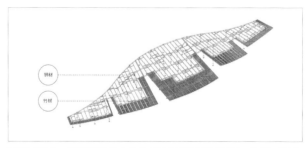

选用可再生、周期短的竹木作为屋面材料及吊顶材料，使用可回收的钢材作为结构主体材料建筑主体采用当地石块制作石笼墙，减少材料运输成本。

水穿石漏，砼筑童趣
A stone on seashore pierced by waves,
a concrete paradise vitalized by children

荣成市少年宫 · RONGCHENG YOUTH ACTIVITY CENTER
设计 Design 2017 · 竣工 Completion 2021

地点：山东荣成 · 建筑面积：48 505平方米
Location : Rongcheng, Shandong · Floor Area : 48,505m²

合作建筑师：康凯、胡水菁、张一楠、吴扬、盛启寰、冯君
Cooperative Architects : KANG Kai, HU Shuijing, ZHANG Yinan, WU Yang, SHENG Qihuan, FENG Jun

策 略：融景、覆绿、开放、采光、导风、长寿

摄影：张广源、李季
Photographer: ZHANG Guangyuan, LI Ji

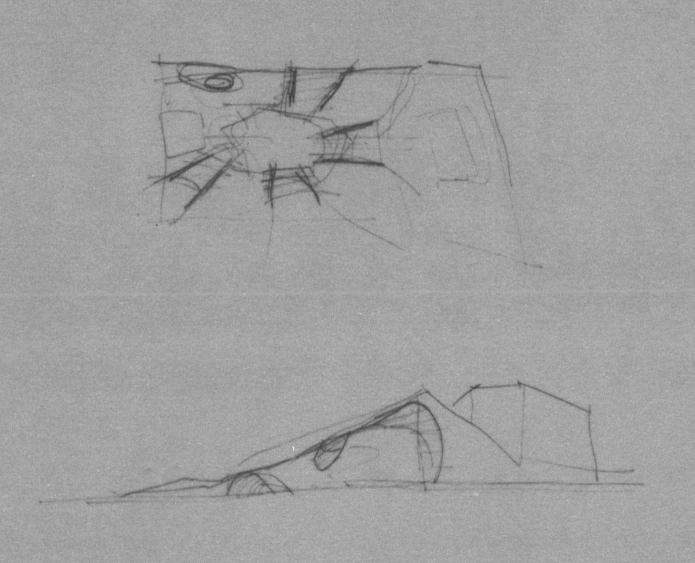

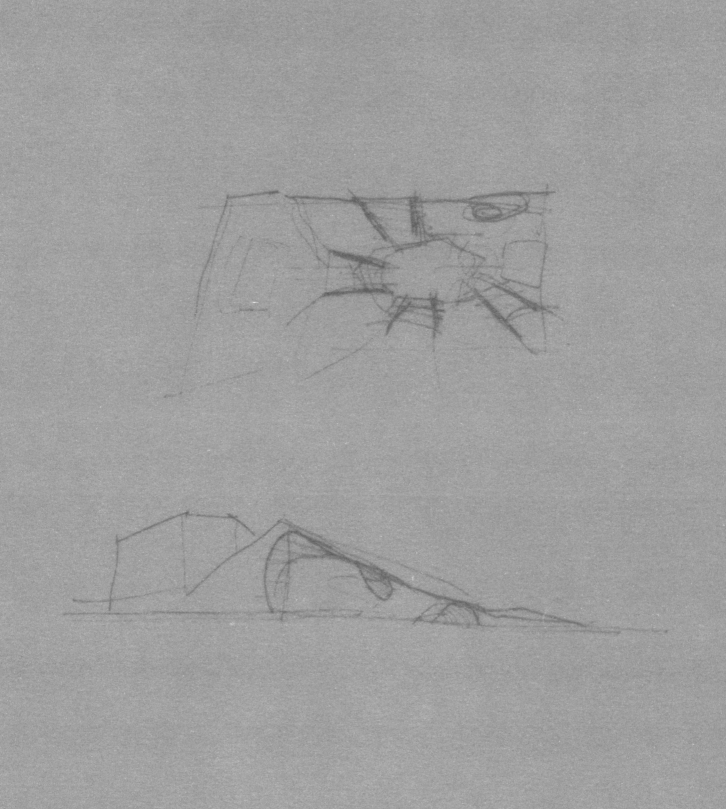

荣成少年宫位于海湖之间的开阔地带，风景资源得天独厚。设计开始于不同的空间体验在竖向高度的"离析"。首层地面是一个可供市民随意行走的城市开放空间，图书馆、剧场、科技馆、培训中心和游泳馆五个功能组团有机离散地分布在这个自由平面内。功能之间形成了连续且相互交织的室外通道，拱壁包裹空间，可闻导风、啸声；穿出通道，又与草地、鲜花、松林不期而遇。

悬浮于开放空间之上的是缓缓升起的绿坡，微微向内倾斜的曲墙由地面缓缓升起，围合形成了圆形的入口广场，墙上嵌入的拱洞，有的是汇集至此的室外通道，有的是落地的观景大窗，有的则成为进入不同功能组团的入口。屋面之上，景观草木丛生，木质栈道串联，蜿蜒迂回的路径在顶部放大形成平台，吸引游人在此驻足，一览海湖全景。

鉴于特殊空间的建造需要，设计选择清水混凝土为内外空间塑形，使其以一种抽象的几何形态和自由的组合方式呈现，建筑随即深深嵌入绿坡，并最终融入风景之中。

Take advantage of the excellent scenery of the site, the design is an effort to create a space that merges with nature and brings surprises to children. A library, a theater, a science museum, a training center and a natatorium are scattered on the first floor penetrated by outdoor passages with arch walls. Here people can hear the winds channeled into the passages, and will be met with grass and flowers outside the passage.

A green slope rising over the open space can be accessed and serves as a walking space, with a platform on its top where people can overlook the lake and the sea. Curved walls ascending from the ground form a circular entrance square. Openings on the curved walls serve as passages, full-height windows or entrances.

Exterior and interior spaces are both built with fair-faced concrete. The building is not only integrated with the green slope, but also merges into the landscape.

总平面图

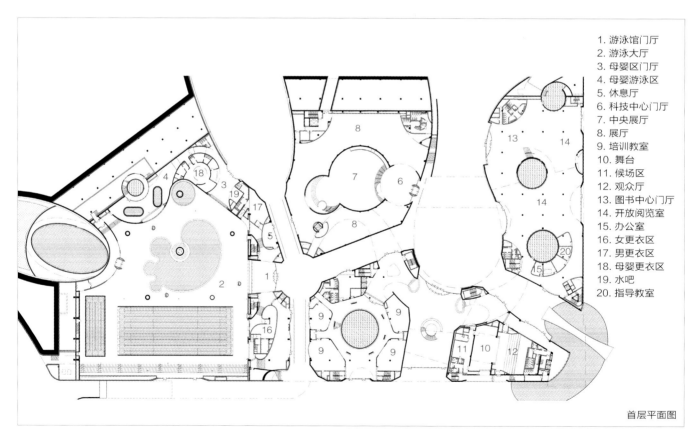

1. 游泳馆门厅
2. 游泳大厅
3. 母婴区门厅
4. 母婴游泳区
5. 休息厅
6. 科技中心门厅
7. 中央展厅
8. 展厅
9. 培训教室
10. 舞台
11. 候场区
12. 观众厅
13. 图书中心门厅
14. 开放阅览室
15. 办公室
16. 女更衣区
17. 男更衣区
18. 母婴更衣区
19. 水吧
20. 指导教室

首层平面图

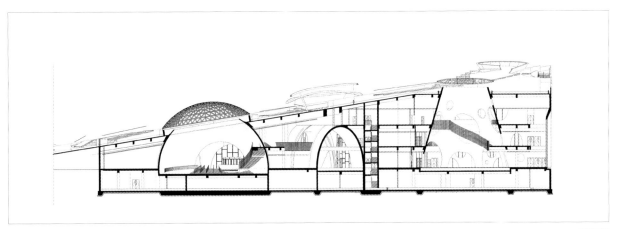

剖面图

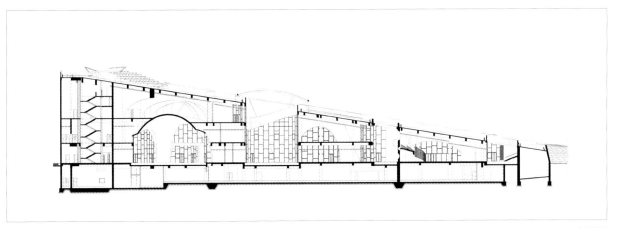

剖面图

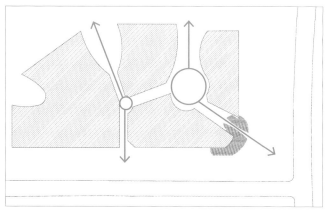

首层形成连续的开放空间。

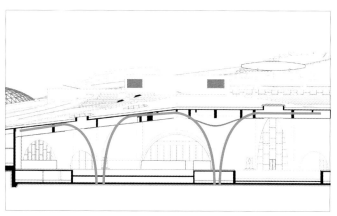

结构体系与空间和维护界面进行整合，减少二次装饰。

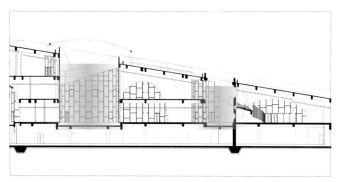

置入室外庭院提升采光通风效果。

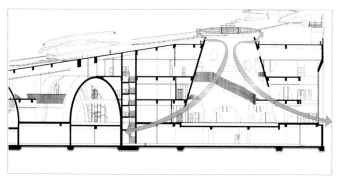

中庭顶部采用透光膜材，侧向开口，为内部空间提供采光通风。

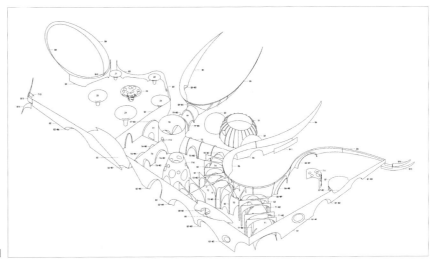

异形清水混凝土构件索引图

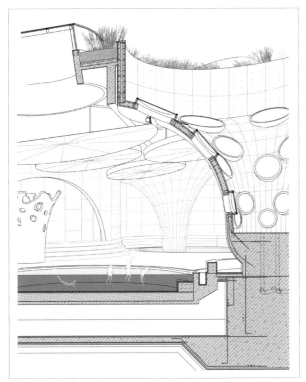

游泳池水滴柱墙身大样图

通道构件定位图、公共大厅模板栓孔布置图

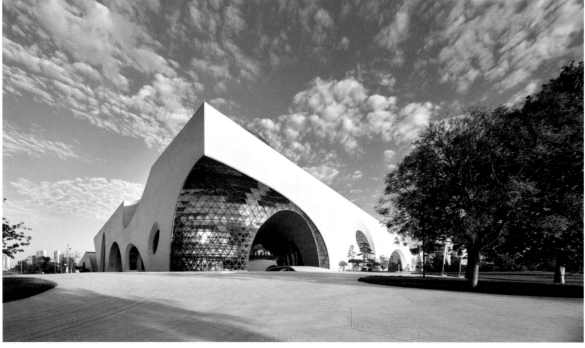

设计随笔

从飞机的舷窗俯瞰胶东半岛，大小深浅不同的石坑在田野密林间星罗棋布。这是几十年间开采花岗岩形成的大地景观，让人过目难忘。受荣成市政府委托，2016年5月初，我们到达荣成市，为少年宫项目做现场踏勘。项目位于荣成市滨海新区，一边是海，海边是茂密的黑松林；一边是湖，当时正值花季，成片的樱花在湖边盛开。海湖之间的开阔地带，风景资源得天独厚，要创造一处可以给孩童带来惊喜，并融于自然的大地景观似乎是题中应有之意。

少年宫包括图书馆、剧场、科技馆、培训中心和游泳馆五个功能，我们将其铺展在场地上，各功能空间之间留出巷道，开放给市民游走，也让孩子们的笑声给城市带来活力。从功能分析，空间上方的屋顶连为一个巨大的坡顶，一边落地，一边翘起，营造出市民登顶观海的场所；坡顶低处又被巷道洞口切开，形成了不同的入口前庭广场。建筑采用了一系列曲面语言，让建筑宛如海边礁盘经过浪涌风蚀形成的空穴，自然而奇妙，也显示出孩子们的童趣和快乐。

美好的构想很快引出流畅的草图，但要将其落到图上却颇费心思。首先，我们确定这个复杂的多孔建筑一定是用清水混凝土浇筑而成的，它应该像大地的岩壁一样永恒，绝不能是装修拼凑出来的。这就要求设计从空间和结构一体化入手，除了地下和内区辅助空间外，大多都采用筒拱结构或花篮墙柱。其次，我们要让阳光进入孩子们使用的每一个空间，而不能因为屋顶覆土造成下面有许多黑房间。这就需要在屋顶上穿透许多空洞和天井，让阳光能照下去，风可以通上来，不仅外观绿，更要每个空间都绿色节能。其三，我们希望建筑体现真实的美和长久的美，尽量减少内部装饰和吊顶，让清水混凝土处处可见。这就要求设计中统筹考虑室内外的界面贯通，做好门窗玻璃的收口和室内机电末端的整合和消隐化处理，以及施工中的精准无差错。这三方面的目标就是对自我的挑战，大大提升了设计的难度，没有每一位成员的情怀是干不出来的！

少年宫内部多为复杂的异形曲面空间，异形构件的形态、洞口的布置都与结构体系、内部功能、空间尺度密切相关。在深化设计阶段，局部的调整经常会"牵一发而动全身"。因此，需要建立清晰的形体设计逻辑，利用快速迭代的建模方法来应对种种混沌而复杂的关系，省去不断重建模型的烦恼。

设计概念是逐渐隆起的大地景观，然而与大地相接的形体实现起来却并不轻松，既要兼顾用地边界限制，又要保证内部功能空间的舒适尺度，屋面排水组织和易于上人的坡度同时也要纳入整体规划。设计的逻辑是将整体坡面拆分为几个折面的组合，形成不同的排水方向，从而缓解整体坡排水的压力，有效降低排水速度，利于坡屋面固土。同时，通过调整不同特征点参数对折面组合的屋面系统进行动态控制，对折面坡度和下部空间高度进行数据监控和综合研判，以保证绿坡的自然接地效果、下部空间的适宜高度和屋面步行的舒适性。

屋面下部异形空间相互穿插交错，构件亦彼此关联影响，每一个构件都是根据与构件相关的边界形态相拟合而产生的。比如游泳馆的伞形构件，其形体效果呈逐渐撑开的伞状，形体从与斜面顺滑衔接，自然过渡到与地面垂直相交。我们利用参数化设计软件，首先通过与屋面相切的向量和与地面垂直的向量拟合出形体的母线，从而生成连接屋面与地面的伞形柱形态。建立这一模型生成逻辑后，伞形柱形态可以跟随屋面坡度和母线的调整联动更新形体。嬉水池中部的多孔水滴柱亦延续此形体设计逻辑拟合生成，但又存在差异。300mm厚的混凝土薄壁表面布满采光的孔洞，同时水滴柱作为主要结构承重构件又位于几个方向屋面梁体的交点，如何做到既不影响结构受力，又能在表面开出丰富且自然的孔洞是实现透光水滴概念的关键。在其生成过程中，我们遵循结构拓扑减材优化的逻辑，根据形体上大下小的特点开洞，洞口尺寸和位置均采用系列参数进行控制，通过迭代调整获得相对最优的布置状态，既满足了竖向力传导的顺畅和足够的环向整体性连接，同时又实现了灵动的视觉效果。

各种形态的拱壳构件既整合了功能分区，又创造了连续奇妙的城市公共空间，同时也构成了活动中心的主要结构受力体系。为了保证拱壳构件受力合理，避免与框架结构结合部位出现因为传力不均导致的应力集中，我们在拱壳构件上附加异形肋梁系统与框架结构衔接，既满足了不同受力体系之间的顺畅传力，同时还保持了壳体构件的相对纤薄和轻巧。这些异形肋梁系统母线在模型中也与拱壳构件进行实时联动，避免了因为壳体构件形态的调整导致相关构件不能及时更新的情况。

在深化过程中，我们建立了构件定位模型，通过生成定位网格、提取网格坐标数据对各种形体进行降维描述。值得一提的是，在与清水建造团队沟通中，我们逐渐发现设计模型中网格定位与建造过程中背楞的提取和模板的划分遵循着相同的生成逻辑，即几何形态的UV划分规律。例如，游泳馆伞形柱的网格生成较为复杂，其平面投影为上下同心圆，我们可以采用环向等分原则进行环向网格提取，但由于伞形柱上部边界衔接坡屋面，导致上部圆形边界随屋面坡度倾斜，底部圆形边界在水平面上，单纯按等高线生成网格则会因为网格不均匀而不能恰当地描述形体，也会造成定位数据的缺失。最终，我们采用上部圆形边线与底部圆形边线耦合的方式生成高度方向的网格轮廓，有效地指导了后期模板与背楞的深化和加工。

在施工之前，我们试制了两次实体样板。第一次混凝土成型后，曲面形态不够顺滑，平整度也不好，主要原因是手工裁切的模板精确度不足。同时，样板试制前缺少详细统筹的深化，蝉缝和栓孔布置也不讲究。

为了纠正这些不足，之后我们搭建了拱形大厅及两侧双曲连接体和游泳馆多孔水滴柱构件的样板施工模型，从中逐步摸索出遵循曲面UV控制线的模板划分和螺栓孔排布的具体操作方法，对单曲面和双曲面的模板划分原则和螺栓孔排布效果也达成共识，明确了直墙和平缓单曲面采用大模板划分，局部曲率较大或者双曲面部分采用小模板拼缝并与大模板部分渐变衔接，整体板缝水平交圈的基本分缝原则。

建造团队也借鉴国外清水混凝土技术中采用胶合木背楞的施工方法，针对项目特点和国内施工条件，创造性地提出将木模板现场根据曲面模型提取的形体母线裁切成异形木板条，并胶合形成木造型背楞的工艺。模板采用12mm厚背板加6mm厚面板的双层模板组合体系，薄面板塑形对缝，厚背板保证强度，使曲面清水墙体更为顺滑，直面清水墙体更为平整。两层模板错缝拼装，也有效消灭了模板间的错台误差。为了提高模板制作的效率和精度，清水建造团队还引进了全自动模板雕刻设备。这些技术措施的可行性和效果在第二次样板试制中得到了验证，既系统性地解决了整体项目的模板搭建精度问题，又确保了成型后曲面的表观质量，为今后开展大规模施工积累了经验。

设备末端的布置是清水混凝土建筑不可回避的关键问题。我们从设计开始就明确了外墙不开洞的原则，并将所有设备洞口以集中或分散的形式布置在远离外墙的屋顶上。在室内空间，我们遵循尽量减少结构开洞的原则梳理和规划设备末端系统。例如，在拱形大厅中，我们采用水炮代替喷淋以减少末端的数量，并利用拱形背楞区域安排管线路由，便于设备的日常维修。我们将空调系统整合到大厅中央"海螺"雕塑的空腔内，顶部送风，底部孔洞回风。照明系统也被集成在纤细的不锈钢灯杆上，并将灯杆悬浮在拱壁之外。

在整体设备末端定位中，我们以模板划分模型为依据，并结合设备专业的要求，在三维模型中对每一个在清水墙面、顶面的设备末端分类归纳，逐一定位。散布在清水墙面的线盒和开关等小型末端尽量集中或索性从清水墙面调至附近的装修部位，有严格要求的消防末端定位则遵循对位原则，或定在板缝之间或模板中心。最后，点位信息均以模型的形式，分构件同现场施工方交接，并进行预留预埋。

与我们合作多年的清水混凝土施工团队在这个项目中也是超水平发挥。为了攻克每一个细节的交接品质都反复推敲，在施工过程中看到他们精心搭建的模板都是一种美的享受。在业主的全力支持下，工期配合质量，不赶不乱，有条不紊，达到了完美的效果。

目前，荣成市少年宫已经进入正式运行阶段，设计中的景象都得以实现。屋面草木经过两年的气候适应和业主的悉心维护已经长势良好，甚至呈现出无法控制的粗放之势。屋面上原来突兀的风井和设备早已淹没在大穗狼尾草丛中，去年还不见踪影的粉黛草也都争相钻出绿坡，为屋面披上了紫红的霞衣。屋面公园已然成为远近闻名的网红打卡地，市民、游客纷纷慕名而来，登高观赏，取景留念。

2021年4月初，我们在即将完工的少年宫内组织荣成市第二实验小学低中高三个年龄段的孩子，开展了一场别开生面的绘画创作活动。活动要求每个孩子在参观少年宫后，根据自己的理解画出心目中的情景。孩子们无不好奇尚异，一路上兴奋之情溢于言表。最后合影时，当一个个稚嫩的笑脸和一幅幅想象力丰富的画面凑到镜头前的瞬间，不禁令人深深感慨：建筑师的故事可以暂时告一段落了，美好明天充满的无限可能与空间，留给孩子们继续谱写吧！

筑屋如莲，集水如镜
Water mirrors on concrete lotuses

张家港金港文化中心　ZHANGJIAGANG JINGANG CULTURAL CENTER
设计 Design 2013　竣工 Completion 2021

地点：江苏张家港　建筑面积：32 199平方米
Location：Zhangjiagang, Jiangsu　Floor Area：32,199m²

合作建筑师：张男、叶水清、高凡、吴扬
Cooperative Architects：ZHANG Nan, YE Shuiqing, GAO Fan, WU Yang

策 略：蒸发、融景、长寿

摄影：吴清山
Photographer: WU Qingshan

　　金港文化中心将美术馆、图书馆、少年宫等6个不同的文化功能按使用性质进行整合，统一在一个建筑形体中，各个功能体既相互联系，又流线分明。与城市中大多数建筑邻道路布置不同，文化中心嵌入绿化景观之中，使整个用地形成一个开放性的城市公园。建筑在朝向水体和景观一侧以深远的出檐形成连续大尺度的灰空间，配合层次丰富的平台、休息厅、台阶、散步道和亲水空间，连通建筑空间与外围城市空间，使建筑景观尽可能向外辐射，成为供市民休闲的开放性场所。

　　建筑群的屋面处于周边高层建筑的视线之下，因此设计对建筑的第五立面——屋顶作了充分考虑。屋顶上设有浅水池，逐层叠落到地面景观水系中，形成生动的立体水景体系。水池中还设有绿化浮岛，可以隐藏屋面设备。

　　清水混凝土材料的耐久性、厚重感及可塑性使空间更有张力、更为纯粹，与自然环境中的绿化和水系形成鲜明对比。透明玻璃幕墙使室内空间和室外环境互相渗透，让建筑更为充分地融于环境之中。

Jingang Cultural Center has integrated 6 cultural facilities, including an art museum, a library and a youth center, into a whole building volume, where the cultural facilities have separate circulations while being interconnected. The site, with the building surrounded by landscape, have been turned into an open urban park. A large-scale gray space is formed under the long eave of the building. Platforms, steps and walkways at the waterfront have connected the site and its neighborhood.

As the center is surrounded by high-rises overlooking it, the roof is equipped with a water pool, which forms a multi-dimensional water landscape system with waters on the ground level. A floating island is placed in the pool to cover the MEP facilities on the roof.

Fair-faced concrete, with its durability, thickness and plasticity, has given the spaces a pure look while forming a sharp contrast between the building and the landscape, and transparent glazed walls have blurred the boundary between interior and exterior spaces.

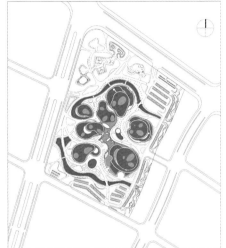

总平面图

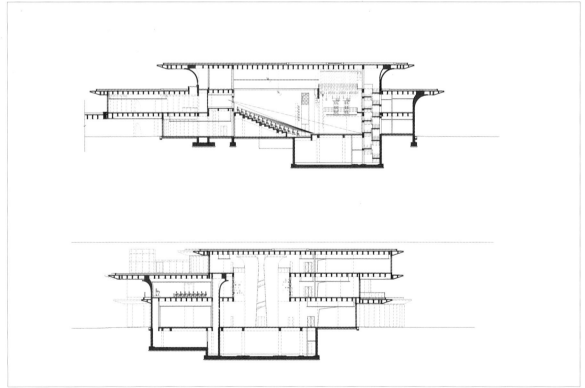

剖面图

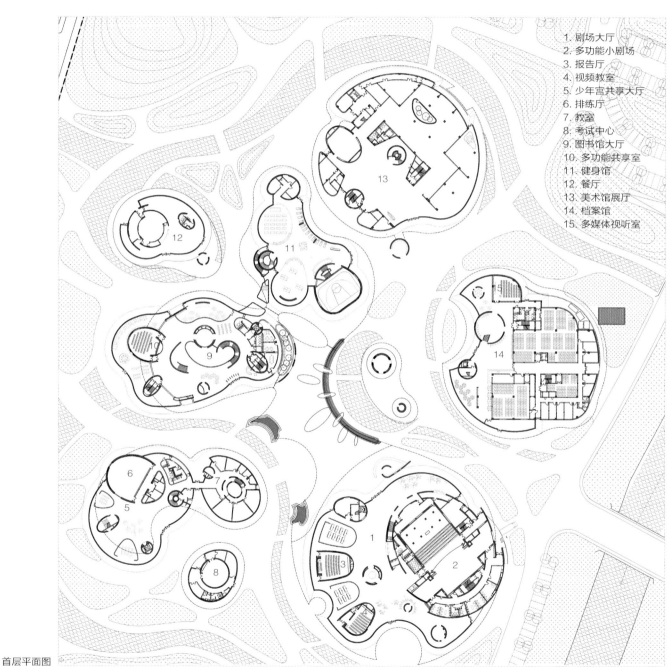

1. 剧场大厅
2. 多功能小剧场
3. 报告厅
4. 视频教室
5. 少年宫共享大厅
6. 排练厅
7. 教室
8. 考试中心
9. 图书馆大厅
10. 多功能共享室
11. 健身馆
12. 餐厅
13. 美术馆展厅
14. 档案馆
15. 多媒体视听室

首层平面图

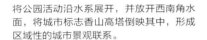

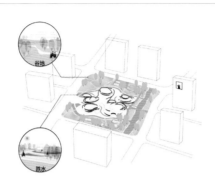

将公园活动沿水系展开，并放开西南角水面，将城市标志香山高塔倒映其中，形成区域性的城市景观联系。

人车分流并将停车场藏匿于微地形中，解放了部分公园边界，为城市界面提供了景观化的处理方式，丰富的路径体验使公园更增趣味，提高其辨识度。

利用微地形的塑造形成如画般的山水格局，建筑掩映其中犹如荷塘中漂浮的睡莲，呈现出江南水乡的韵味。

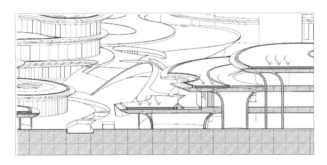

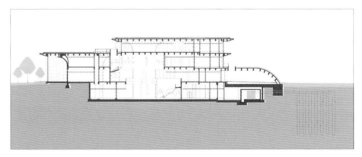

建筑将不同标高的屋面平台覆盖水体，水体一方面为进入室内的气流进行降温，另一方面也提高了所处屋面的蓄热能力。

采用地源热泵，利用清洁能源。

结构与围护墙体一体化设计，整体混凝土浇筑，在结构上预留管线孔洞以及采光洞。

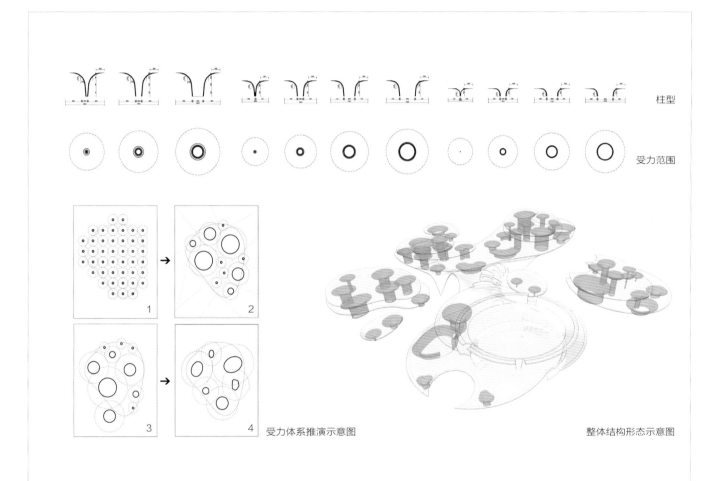

柱型

受力范围

1　　2

3　　4

受力体系推演示意图

整体结构形态示意图

设计随笔

金港文化中心位于张家港市副中心——金港保税区内，是一座包括图书馆、少年宫、美术馆、档案馆，以及大众文化活动中心在内的多功能文化综合体。

当初去踏勘时，现场还是一片正在拆除的村落，其间河汊纵横，林木成簇。按照建设规划，这里将是一处文化广场，周边是高层建筑，让我们意识到问题所在：如何改变文化标志性建筑的套路，留住水乡风景并使其有所提升，是设计的关键所在。

方案构思 "莲池"，试图将建筑体量依不同功能化整为零，如莲叶自由漂浮在水面上，形成开放、轻松、宜人的城市公园，各功能空间可分别面向社会开放，周边场地景观成为市民日常使用的城市公园，建筑远离道路，被绿化和水系环抱，而不是彰显自身。建筑大部分采用蓄水屋面，从上面看下去，体量进一步消隐，表达出江南园林室内外交融、水溪环绕、只见树木不见房屋的景观意象。场地利用微地形景观塑造形成 "山环水抱，宛如画作" 般的分块格局，建筑掩映其中犹如荷塘中漂浮的睡莲。

走进建筑聚落，弧形玻璃幕墙连绵展开，透出不同空间的活动内容，玻璃映射着河边的绿荫和水波的光影，犹如绿色的河谷，清凉、通透、静谧，形成了引人入胜的体验感。

看上去凉爽的建筑实际上也有绿色设计的理念和策略。考虑到江南雨季长的气候特点，建筑采用大悬挑屋檐和室外灰空间，提供市民健康绿色的户外活动场地，以减少室内空调空间；利用水资源丰富的特点，建筑采用大面积的叠水蓄水屋面和景观水系，通过水蒸发降低微气候温度、减少空调负荷；场馆大进深的公共空间均设置了自然采光的中庭，不仅减少了人工光、同时也提高室内空间舒适度；利用地下浅层稳定水源作为冷热源进行能量转换，并设置冷却塔平衡全年缺排热能量平衡，符合可持续发展的理念。

为强化空间的纯净感，减少曲面空间中的框架柱，建筑采用漏斗形支撑体结构，将楼梯、管井等功能性的筒体作为结构支承体系，呈漏斗形向顶部张开。水平构件采用现浇密肋梁体系，有效解决了超大悬挑和超大跨度梁高问题。结构采用清水混凝土工艺，强调品质和真实，尽量减少装饰，呈现出结构和材质的美，其中也离不开施工单位高水平的发挥。

景观设计强调自然生态，将原有河道延伸连通，雨水均排放到地表，努力保持水乡的特色。但施工中有河道硬化、河畔生硬等问题，都通过景观绿化得到修正和改善。

经过多年的建设，助手们终于从现场发来漂亮的照片和视频，在郁郁葱葱的绿树间，一池池清水勾勒出建筑的轮廓，充满童趣和活力的空间隐于静静的文化公园之中，成为一片城市的风景。

聚楼成谷，连顶如田
Street canyons and roof greenings formed by clustered buildings

遂宁宋瓷文化中心　SUINING SONG PORCELAIN CULTURAL CENTER
设计　Design 2017　竣工　Completion 2019

地点：四川遂宁　建筑面积：121 278平方米
Location : Suining, Sichuan　Floor Area : 121,278m²

合作建筑师·喻弢、叶水清、金爽、曾瑞、张笑彧、周志鹏、高凡、冯君
Cooperative Architects : YU Tao, YE Shuiqing, JIN Shuang, ZENG Rui, ZHANG Xiaoyu, ZHOU Zhipeng, GAO Fan, FENG Jun

策　略：集约、覆绿、遮阳、共享

摄影：张广源、李季
Photographer: ZHANG Guangyuan, LI Ji

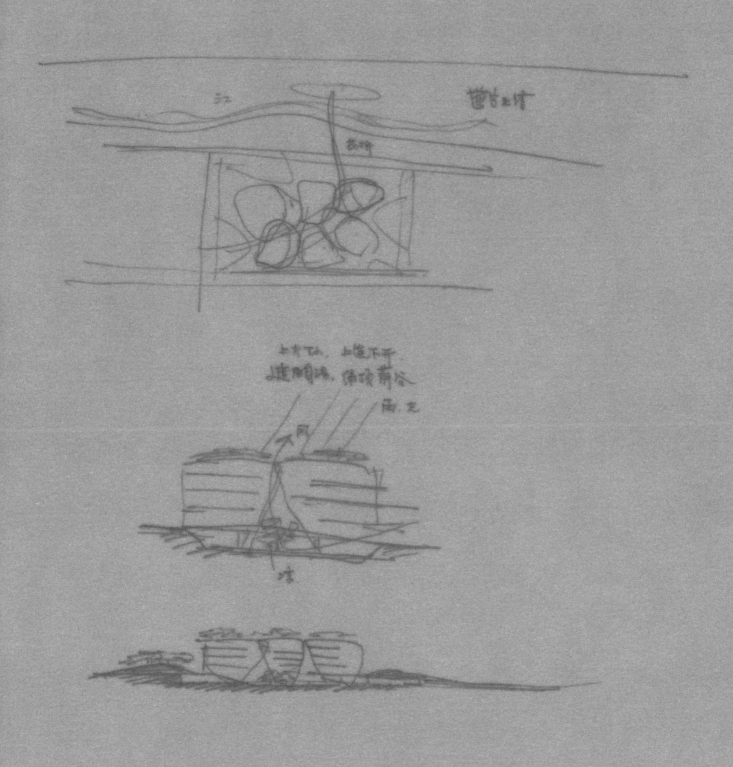

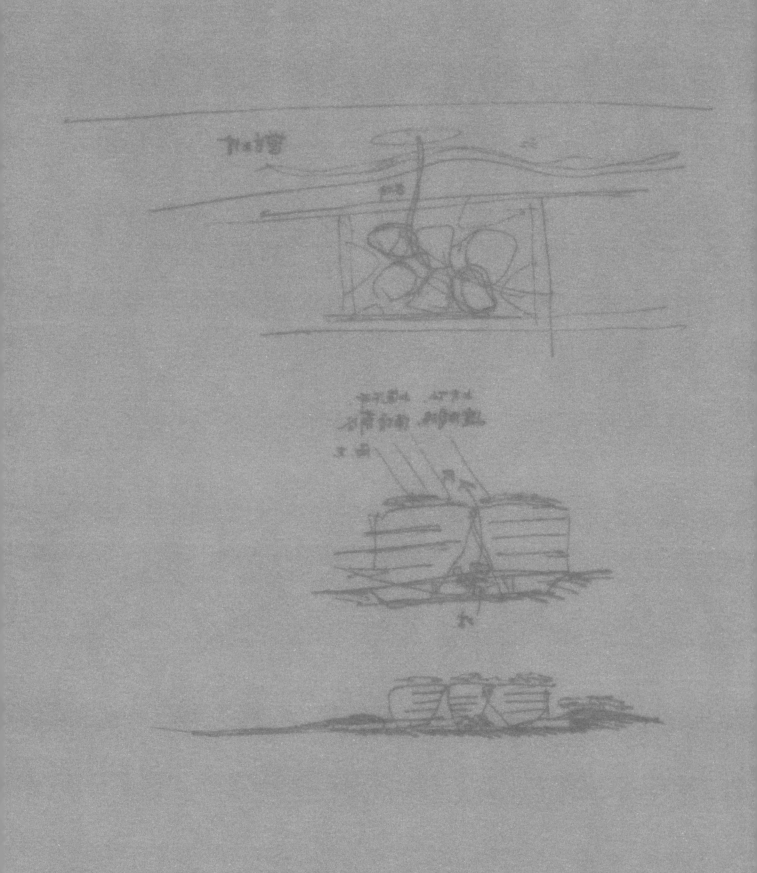

遂宁宋瓷文化中心位于涪江东岸，与市区建成区隔江相望，北侧和西侧均为城市绿地公园。文化中心集合了文化馆、档案馆、图书馆、博物馆、科技馆、城乡规划馆、党建党史馆、地方志馆、非遗传习展示中心，以及青少年宫等10个公共功能，是一座富有朝气的文化综合体。

设计秉承"融合共享、协调环境、开放空间"的原则，注重将传统文化与现代城市的标志性需求融入建筑，精心选择材料，围合内庭院空间，开放外部空间，协调周边城市环境，使建筑群成为一个面向市民的公园式文化体验场所。各部分建筑以灵动的姿态融入景观，成为这个"城市公园"中的一部分。

遂宁宋瓷文化中心开放运营后，受到当地市民的广泛欢迎，各场馆之间的室外活动空间、与南侧湿地公园连接的过街漫步桥、在建筑内外穿梭交叉的并连到屋面的漫步道，地下一层的开放式绿化庭院，将市民从各方向聚集于此，使之成为遂宁河东新城区的活力中心。

Located at the east of Fujiang River, Suining Song Porcelain Cultural Center borders green parks on its north and west. Composing of a cultural center, archives center, a library, a museum, a science museum, an urban planning hall, a CPC Culture Pavilion, a chronicles center, an intangible cultural heritage display center and a youth center, Suining Song Porcelain Cultural Center has become a vigorous cultural complex.

The design has taken both traditional culture and the demand of creating a landmark into consideration. Courtyards are formed and exterior spaces are open toward the city, making the complex a place for everyone to experience culture and each building of the complex has become an integral part of this giant "city park".

The exterior spaces, the pedestrian bridge connecting the center and the wetland park to its south, the pathways to the roof and an underground green courtyard have all attracted citizens from all directions.

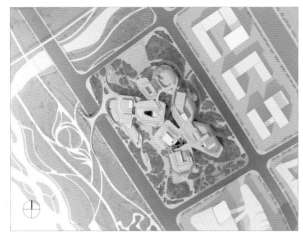

总平面图

1. 城乡规划馆门厅
2. 序厅
3. 开放展厅
4. 展厅
5. 休息区
6. 贵宾室
7. 科技馆展厅
8. 服务大厅
9. 球幕影厅
10. 博物馆门厅
11. 临时展厅
12. 青少年活动中心
13. 图书馆门厅
14. 阅览区
15. 报告厅
16. 档案馆门厅
17. 等候区
18. 文化馆门厅
19. 排演厅
20. 化妆间
21. 家居库
22. 售卖处
23. 少儿室外活动场

首层平面图

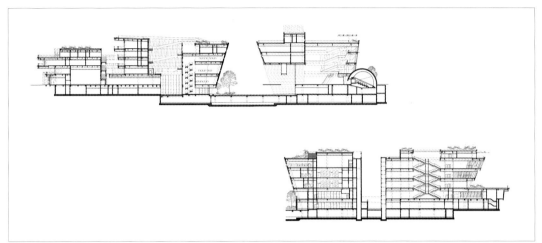

剖面图

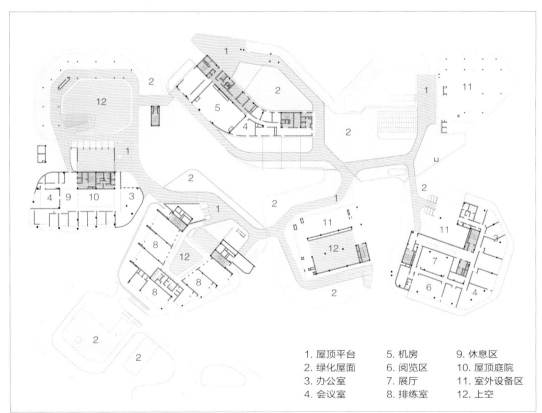

1. 屋顶平台	5. 机房	9. 休息区
2. 绿化屋面	6. 阅览区	10. 屋顶庭院
3. 办公室	7. 展厅	11. 室外设备区
4. 会议室	8. 排练室	12. 上空

五层平面图

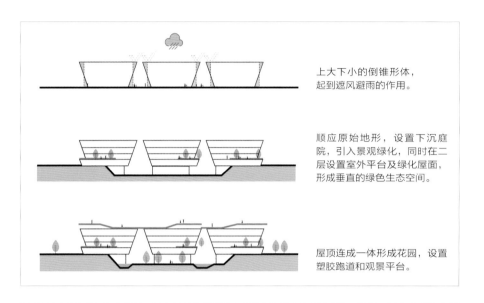

上大下小的倒锥形体，
起到遮风避雨的作用。

顺应原始地形，设置下沉庭
院，引入景观绿化，同时在二
层设置室外平台及绿化屋面，
形成垂直的绿色生态空间。

屋顶连成一体形成花园，设置
塑胶跑道和观景平台。

设置集水屋面，景观蓄水
池，滤水草坡，在景观中
应用植物滤水，涵水构
造，路面及庭院内使用透
水铺装，形成高标准的绿
色建筑。

整个建筑形成了类自然形态的城市绿谷。
使空气向上流动，形成一个微气候区。
屋顶利用太阳能光伏及太阳能热水实现对
可再生能源的充分利用。

绿化屋面
屋顶塑胶栈道系统
屋顶金属格栅

博物馆屋顶平台
博物馆屋顶活动区
科技馆屋顶展场

太阳能光伏板

图书馆屋顶平台

规划馆屋顶展场

太阳能集热器

屋顶公共平台入口空间

规划馆屋顶平台

文化馆屋顶平台

群艺广场

过街天桥去往湿地公园

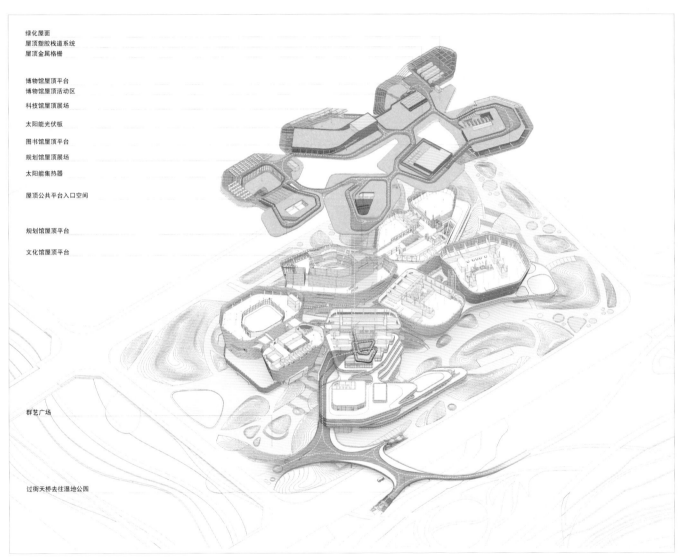

连接滨江湿地公园和文化中心屋顶花园的景观步道系统示意图

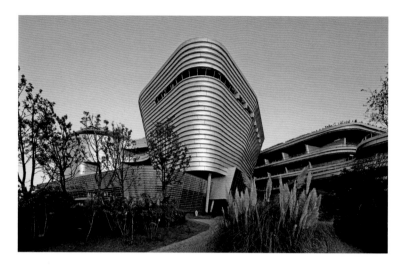

LAND-BASED RATIONALISM IV 175

设计随笔

遂宁坐落于四川盆地的丘陵地貌中，在群山环抱中，涪江穿城而过，将城市一分为二。涪江以西是传统的老城区，有着朴素的城市风貌和闲适的生活气息。一江之隔的河东区则是新城，场地空旷，除了先期建设的市政道路和少量开发项目，基本都是农田和旷野。

遂宁宋瓷文化中心位于河东新区江畔，长方形的场地与涪江仅一路之隔，西南侧是依江堤而建的城市湿地公园，北侧是规划中百米宽的城市绿化带，它们共同构成了场地朝向自然风景的城市界面。

第一次现场踏勘时我们注意到，场地虽临岸，但站在场地内无法看到江畔。这是因为城市湿地公园倚靠高出地面的防洪堤坝面江而建，堤岸虽然在景观中被隐藏处理，但其高度仍然阻碍了城市一侧面向涪江的视线。如何衔接和利用好这道江畔湿地的景观资源，把涪江的风景引入场地和建筑中，服务于更多市民，成为我们的目标。设计任务是我们面临的最大挑战，在设计初期，建筑集合了五大文化功能——博物馆、科技馆、规划展览馆、文化馆、图书馆，后来又增加了档案馆和青少年宫，发展为包含七大场馆、十一个文化建筑类别的综合体建筑。这些场馆需要在8hm²的场地上一一展开，在形象上既要有共同之处又要有特征性差异，并设计相对独立的入口空间。

通过分析场地和梳理任务得出的这些题目，看似离散，却指向一个共同的设计方向，即最大限度地利用建筑界面，开放场地空间为市民共享。场地环境和功能需求因此成为支持方案设计的必要且充分的前置外部条件，有待一个高度集约、高度开放的创新性方案给出解答。

在设计之初，我们确定了四点目标，即公园式而非街区式的建筑布局，整体而非分散的建筑形态，开放式/市民化的建筑空间，绿色/低碳的建筑技术。这些目标都是为了让建筑充分融入遂宁山水环境，打造立体集约、开放共享的新城文化中心，竖立新城建设的样板和示范，形成城市生长过程中的绿色新起点。

我们希望用一套系统性的设计语言达成上述目标，同时衍生出全新的建筑空间形态语言。从局促用地与繁复功能的矛盾入手，我们首先想到节地——让场馆彼此紧邻，把每座单体都处理成上大下小，占用最少的场地，并向上逐渐扩大，在空中汇拢，使建筑屋顶连接在一起。这种一体化的处理手法带来了诸多期望的效果：第一，保证各馆在场地环境中相对独立，并最大限度还地以绿、让地于民；第二，将各馆屋面联结为一体，为屋面的整体化景观处理、向市民开放创造条件；第三，各馆之间围合出一个峡谷式的室外空间，成为共享的城市花园。

这一系统性操作回应了项目在功能、环境、空间上的主要诉求，既使设计方向变得清晰，又让建筑形态焕然一新。各馆以流线形态簇拥在一起，朝场地周边辐射开，在四个方向上均呈现出特征性形象展示面，在独立性和功能共享之间达到理想的结合点。

其次，这种以立体、集约发布局原则，还带来了场地的低密度、景观化。项目的容积率达到1.14，但由于建筑基底面积缩小，建筑密度被有效降低到24%。场地在容纳了充裕的室外道路、广场和七个场馆的地面主入口区域后，绿化覆盖率仍在40%以上，体现出立体化设计的优势。

第三，这一设计方式带来了额外的场地空间，随着建筑体型向上逐层放大，形成一个约23 000m²的整体绿化屋面。屋面向下用开放的楼梯、坡道与二层平台衔接，另建一座跨越道路和江堤的栈桥，与滨江湿地公园连为一体，让屋顶花园成为城市绿道空间的一部分。

方案实现了服务性配套功能的集约共享。地下一层的中心区域设置下沉庭院，建筑环绕周边形成生态绿谷，不仅是向市民开放的城市客厅，也是各馆区的观展流线和使用动线的集散点。各个场馆开放、共享的功能空间在此汇聚，形成丰富多样、亲近自然的高品质休闲空间。展厅、书店、餐厅等场所在提供更多市民需要的商业、文化业态的同时，大幅扩展了使用人群，减少了场馆的独立运维成本，实现可持续运营。地上建筑将场馆归类布置。展示类的博物馆、科技馆和规划展览馆居于东侧面向城市，其功能与虚实外观相得益彰，共同构成了面对人流的标识性形象，空间在顶层相连，流线可分可合，提供连续观展的可能性；教学类的文化馆、青少年宫和非物质文化遗产传承中心并列安置、面江而立，各馆的培训教室通过外侧走廊相连、共享共用，半室外的走廊为课间休息和等候提供了绝好的观江平台；阅读查询类的档案馆、地方志馆和图书馆彼此相邻，分别在二层和地下连通；藏书馆、资料室互为补充，学术会议区合并设置，查阅座位面向江面，环境幽静、视野极佳。各馆由下至上的人流动线汇聚于屋顶花园，实现功能充分整合、空间立体叠合、人流动线室外化。文化中心以合理的形态介入场地，回应功能需求，再造城市空间，最终实现了建筑立体化、集约化。

遂宁宋瓷文化中心作为设计方牵头的大型文化综合体EPC工程项目，需要在设计至施工的全过程中以准确、全面的设计数据作为技术依据，进行全过程管控，有效提高设计和建造的精细化管理水平。创新并有挑战性的方案使项目的设计深化需要各类设计辅助工具协同工作，以实现各分项系统的深化落地。BIM技术被用于全过程设计和施工管理，通过三维模型精确推敲形体和构件。设计数据的集成共享为工程提供信息依据，使项目质量、施工配合、造价测算、运营管理、信息采集等工作都能做到集约设计、精准掌控。

针对本项目的流线造型和复杂的连接关系，我们采用了统一的平面线型规则和倾斜度，继而引入一套单曲面控制系统和竖向分段控制原则，使形体的倒角、错台、交接、开窗等都被控制在统一可溯的尺寸规则之下，并在此基础上生成所有构件的尺寸和定位，保证了设计系统的有序。外立面所有幕墙的生成都遵循这套单曲面系统，以完成面为对位基准，避免复杂曲面的出现，再针对不同场馆的功能和形象需求，衍生出各具特征的幕墙外立面。这种做法大量减少了外装工程因不规则板块引起的材料耗费和施工成本提高，大幅降低幕墙整体难度，并提高精度。倒阶梯状的幕墙，使建筑在大形体和局部构造两个层级上产生自遮阳和遮雨效应，外立面的开启系统变得灵活规则，适应不同材料的幕墙形式，也保证了建筑外观的丰富性。

若从技术层面上展开，遂宁宋瓷文化中心在设计中还应用了诸多生态技术和绿色设计，如立体复合的绿化系统、景观化处理的隔热屋面、可再生能源技术、海绵城市技术、雨水花园和雾化降温等技术的运用是为了贯彻建筑以人为本、以绿色为核心的设计法则，延续立体集约、开放共享的设计导向，从人在空间中的行为、路径、景观、视野、交往空间及感官舒适度等方面出发，引导绿色健康的行为模式和空间使用方式。

文化建筑在城市的发展和外扩过程中，往往起到先行先试的引导作用。如何实现建设的示范作用，不再浮于表面地、形式地体现地域文化，做到回应场地环境、倡导绿色节能，这些都是新建文化建筑应该做好的"本职工作"。我们期望为这类公益性项目赋予充分集约的共享姿态，赢得市民的接纳和共鸣；打通城市公共空间，丰富城市景观资源，实现对城市空间的再造；以真正有力度的开放，放大其作为新城建设样本的社会效应，倡导城市绿色发展，传递绿色理念。

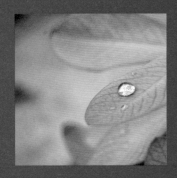

春回大地的一滴露珠
A dew drops to the land when spring returns

雄安站 · XIONG'AN RAILWAY STATION
设计 Design 2017 · 竣工 Completion 2020

地点：河北雄安 · 建筑面积：475 241平方米
Location : Xiong'an, Hebei · Floor Area : 475,241m²

合作建筑师：杨金鹏、王喆、马丽娜、李北森、王秋晨
Cooperative Architects : YANG Jinpeng, WANG Zhe, MA Lina, LI Beisen, WANG Qiuchen

合作机构：中国铁路设计集团有限公司
　　　　　北京市市政工程设计研究总院有限公司
　　　　　阿海普建筑设计咨询（北京）有限公司
Cooperative Organization : China Railway Design Corporation
　　　　　　　　　Beijing General Municipal Engineering Design & Research Institute Co., Ltd.
　　　　　　　　　AREP China

策　略：集约、开放、透光、简装、长寿、产能

摄影：张广源、李季、钟涛
Photographer: ZHANG Guangyuan, LI Ji, ZHONG Tao

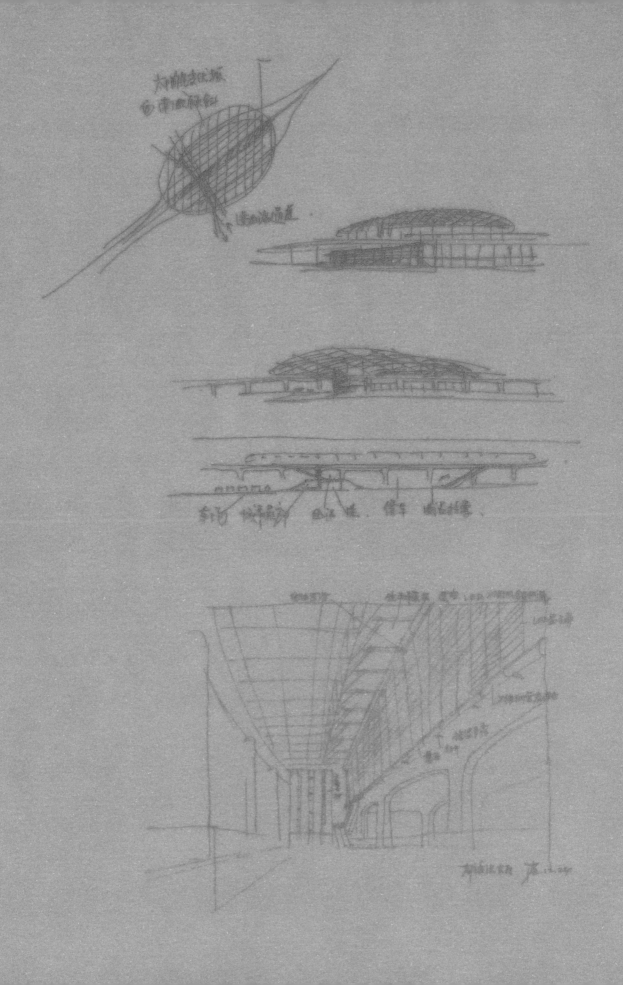

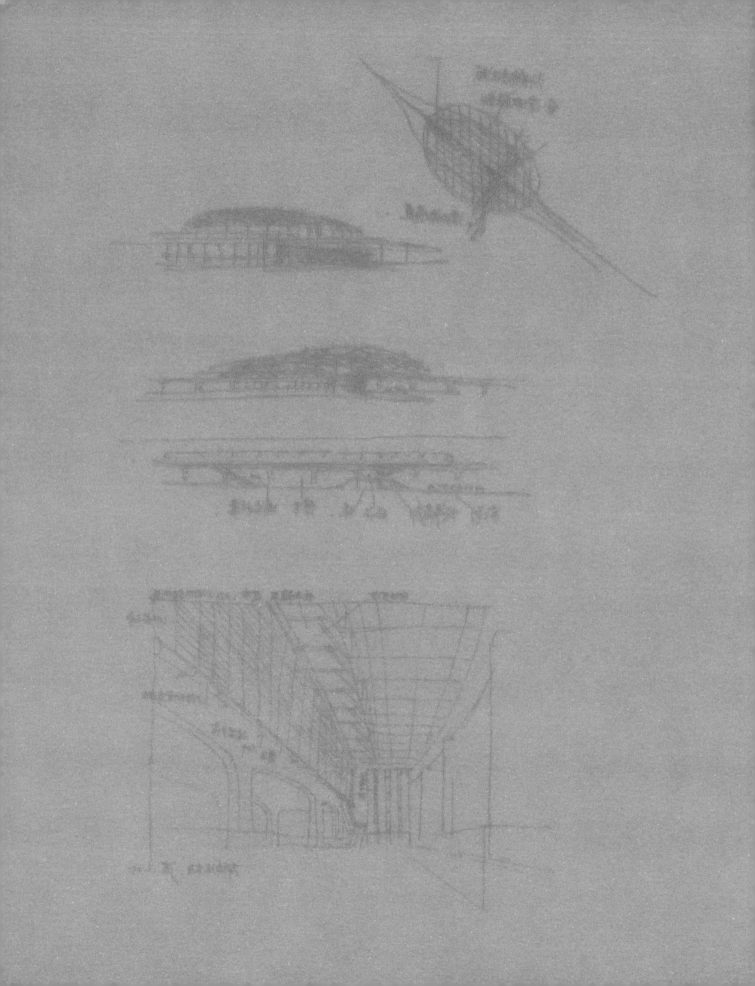

雄安站是雄安新区开工建设的第一个国家级重大基础设施项目，整体规划结合藤蔓城市理念，以现有村镇聚落为起点发展城市组团，村落之间的田野整合为城市组团间的绿廊，雄安站则成为蓝绿交融的新兴城市组团之心。从最初"绿色大地上的露珠"的设计理念出发，经过不断地设计优化，获得了"清莲滴露"的建筑形象。

椭圆形屋顶上渐变排布的光伏板如同水波泛起的涟漪波光，以一池绿水生动地体现了雄安地区的水文化，所配置的4.2万m²分布式光伏发电组件平均年发电量可达583万kW·h，每年可减少碳排放4500t，是现运行客站建筑利用太阳能发电的先行者。

设计借鉴TOD规划理念，践行"站城一体"的原则，集约高效、为旅客提供舒适便捷的换乘体验，在国内首次尝试站桥一体的线下候车厅和高架候车厅相结合的双层立体候车形式。线下候车厅采取桥建一体的工程做法，清水混凝土柱在柱顶和四角处采取微拱设计向上"开花"，线条流畅过渡圆润，减少了繁琐的附加装饰。

站房主体结构利用京雄和津雄两个车场分设的客观条件，自然分为两部分，其间15m宽的"光廊"从地面至屋顶上下贯通，将阳光和景观引入室内，有效改善线下候车厅的自然采光和通风环境。

The overall planning of Xiong'an Railway Station, the first national-level infrastructure project of Xiong'an New Area, has implemented the concept of vine city. Clusters are formed on the basis of existing villages, and fields among villages have become green corridors connecting clusters, with the station located at the heart of the city, resembling a dew drop on a lotus.

Photovoltaic panels on the roof resembles waters in Xiong'an region. 42,000m² of photovoltaic power generating modules with an annual capacity of 5.83×10^6kW · h can reduce 4,500 t of carbon emission, pioneering in the field of power-generating by passenger stations.

Adopting the concept of integrating city and station in TOD planning methods, a double-floored multi-dimensional waiting area is generated to guarantee passengers' smooth transfer. The bridge and building of the under-rail waiting room was constructed as a whole, where the fair-concrete columns are slightly arched at the top and corners.

The main structure of the station is divided into two parts, between which a 15m wide skylight corridor of full height brings sunlight and landscape into the interior space, improving the daylighting and ventilation performance of the under-rail waiting area.

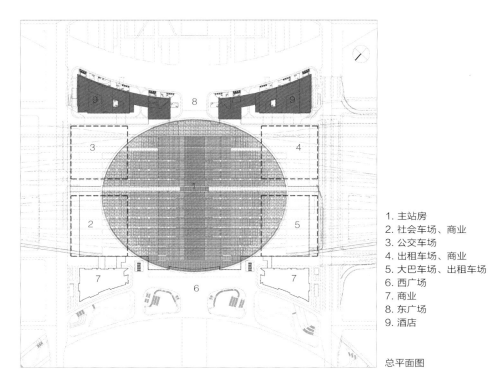

1. 主站房
2. 社会车场、商业
3. 公交车场
4. 出租车场、商业
5. 大巴车场、出租车场
6. 西广场
7. 商业
8. 东广场
9. 酒店

总平面图

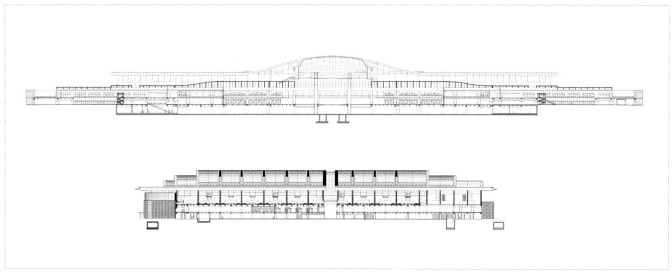

剖面图

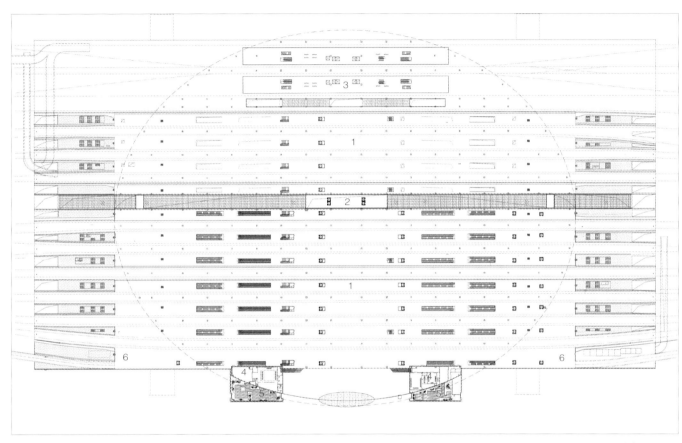

1. 站台
2. 光廊
3. 预留城轨场
4. 贵宾厅
5. 贵宾庭院
6. 基本站台匝道

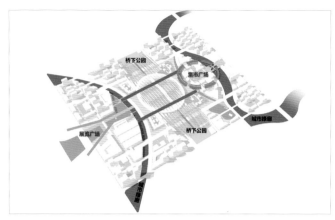

两个带状城市公园环绕高铁枢纽两侧，贯通城市空间，利用公园、绿地形成环状步道，组成点线面结合的绿道网络。

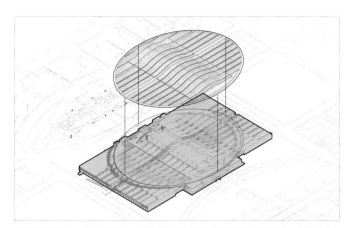

平面造型方正，体块近圆，减少室外风环境对建筑的不良影响，同时减少建筑能耗。

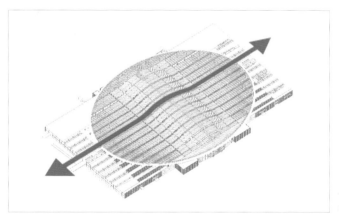

设计布局将铁路车场拉开，在两个车场间预留15m间距。

阳光透过承轨层的天窗，直接投射到16m下方的桥下候车厅，营造明亮通透的室内候车环境。

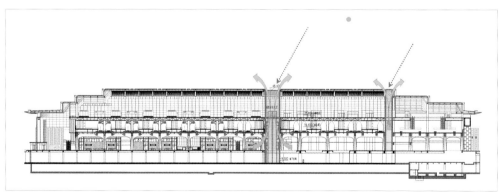

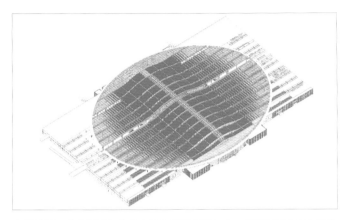

光伏建筑一体化屋面年均发电量为583万kW·h，相当于减少CO_2排放4500t。

屋面周边由太阳能板渐变为阳光板，宛如粼粼波光，契合雄安的水文化。

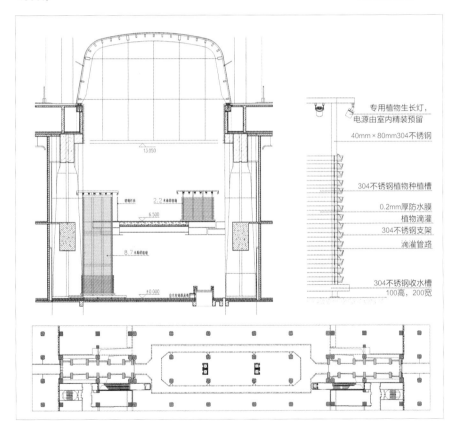

专用植物生长灯，电源由室内精装预留

40mm×80mm304不锈钢

304不锈钢植物种植槽

0.2mm厚防水膜

植物滴灌

304不锈钢支架

滴灌管路

304不锈钢收水槽
100高，200宽

夹层出站通廊两侧布置有机种植绿墙，将单调的步行通廊打造成极具生态示范意义的"绿谷"空间，承载了雄安大地的农耕记忆。

设计随笔

雄安新区是国家新时代城市建设的示范地，政治地位很高。雄安高铁站是建设在京港高铁大动脉上的新区门户，也是雄安新区第一个落地实施的大型公共建筑，重要性不言而喻。回顾我国近三十年来高铁建设的历史，用什么理念和策略，为雄安设计一个不一样的高铁站，是具有挑战性的问题。是不是因为重要就要做大？是不是因为政治的地位就要装饰出民族风格？如何理解中央领导对生态绿色发展的要求？如何为雄安建设带个好头，做好示范？

首先，是不追求体量。雄安站进站线路是高架，高架下的空间很高大，中部可以做候车、进站空间，两侧可设出站通廊和换乘车场。这样既利用了结构空间，又方便了旅客，也有利于未来与城市空间的衔接和融合。虽然后来在业主要求下还做了高架候车厅，但规模就小得多了。

其次，是绿色设计策略。整体宽大的屋面设置了4.2万m²的光伏板，年产583万kW·h清洁电能，可用于线下候车厅的照明，也可为电动车充电。车站中间结合正线拉开间距，形成光谷，让下部候车和交通通廊有自然采光，并种上植物，为候车环境带来一丝绿意。开放的城市通廊与出站扶梯立体衔接，减少了出站厅的室内空间。清水混凝土的结构杆体外露，减去了大量装饰面，节材效果明显。屋面钢结构经过精细化设计，也少用了不少钢材。未来站城融合建设代替了传统大广场、大轴线的套路，为绿色出行和步行空间提供了更宜人的尺度。

雄安高铁站的一系列绿色设计理念和宛如白洋淀边一滴水的清新造型，得到了高层领导的认可，不仅为雄安建设选了个好方案，也希望为未来高铁站的建设提供新的思路和评价标准。目前我正在带领团队设计雄安市中心的地下城际站，我们采用了透光屋面、下沉绿谷、交叠楼层等一系列策略，就是让地下空间能见到阳光，能看到绿色，能呼吸到新鲜的空气。这些举措不仅是为了降低能耗，更是为了关注在巨大地下枢纽空间中人们的安全感和愉悦的体验感，将地下空间地上化，是城市地下空间开发和利用的正确方向。

模块化装配出有机聚落
Modular assembly of organic settlements

雄安市民服务中心企业办公区　XIONG'AN CIVIC SERVICE CENTER ENTERPRISE OFFICE AREA
设计 Design 2017　竣工 Completion 2018

地点：河北雄安　建筑面积：36 023平方米
Location : Xiong'an, Hebei　Floor Area : 36,023m^2

合作建筑师：任祖华、梁丰、庄彤、朱宏利、工俊、陈谋朦、盛启寰、邓超、朱巍、韩亚非、刘燕辉、胡璧
Cooperative Architects : REN Zuhua, LIANG Feng, ZHUANG Tong, ZHU Hongli, WANG Jun, CHEN Moumeng,
　　　　SHENG Qixuan, DENG Chao, ZHU Wei, HAN Yafei, LIU Yanhui, HU Bi

策 略：装配、共享、有机、再生、海绵

摄影：张广源、李季
Photographer: ZHANG Guangyuan, LI Ji

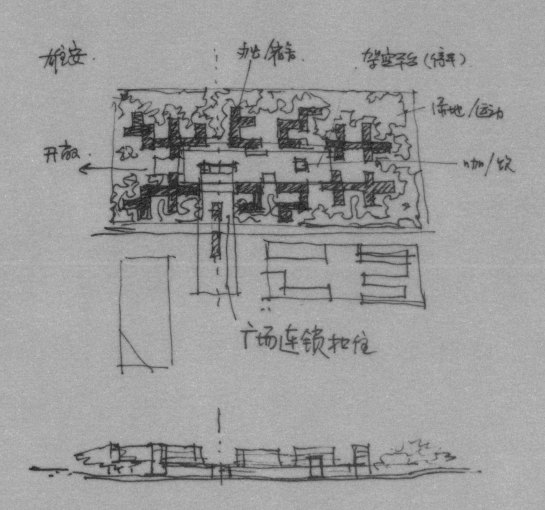

旅馆　　　　　　　　地库楼　　　　　学生不语(语种)

　　　　　　　　　　　　　　　　　　　　　　绿地/运动

开商　　　82　　　　　　　　　　　　　咖/饮

广场连锁扣住

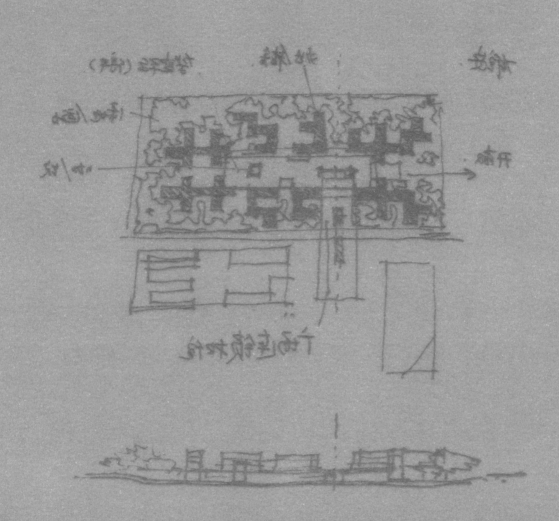

雄安市民服务中心是雄安新区的第一个建设工程，由公共服务区、行政服务区、生活服务区、企业办公区四个区域组成。中国建筑设计研究院承担了其中位于北侧，容纳企业办公、酒店、公共服务设施的企业办公区的设计。

作为雄安新区的起步项目，设计既要满足快速建造的要求，也要对未来建设提供示范，因此采用了全装配化、集成化的集装箱式建造技术，实现结构、内装、外装、设备管线全工厂生产，整体运输至施工现场统一吊装，最大限度减少建造垃圾，实现绿色施工。

办公楼与酒店以集装箱作为基本模块单元，适合运输和灵活组合。商业和服务设施顶部则形成连续的室外平台，将各建筑连为一体。

立面采用水泥压力板、金属网与玻璃，以集装箱为单位，通过四种标准幕墙单元的组合，形成条码化的外观，便于生产施工，也使得立面设计与模块化构造逻辑一致。办公基本单元为1000~1200m²的"十字"单元组合，呈现对周边环境开放的姿态，以小进深实现自然通风采光。"十字"单元经过局部变形，相互组合，蔓延于环境之中。

As the first construction project of Xiong'an New Area, Xiong'an Civic Service Center consists of 4 sectors, serving for public service, administrative service, living service and enterprise service respectively. CADG has undertaken the design of the Enterprise Office Area, which accommodates offices, a hotel and public service facilities.

To meet the demand of fast construction and guidance for future development of the area, the project has adopted the container-styled building technology. The structure, interior & exterior fitting and pipelines were all manufactured at factories and then assembled on the construction site to minimize building waste.

Container, which serves as the module unit in the office and hotel sectors, are suitable for flexible assembly. The façade formed by combination of four kinds of standard curtain wall units was built with cement slab, metal mesh and glass, presents a look featuring bar codes which conforms to the logic of modular construction. Cross-shaped office units with floor area 1,000~1,200m² are combined to pose an open gesture to their surroundings.

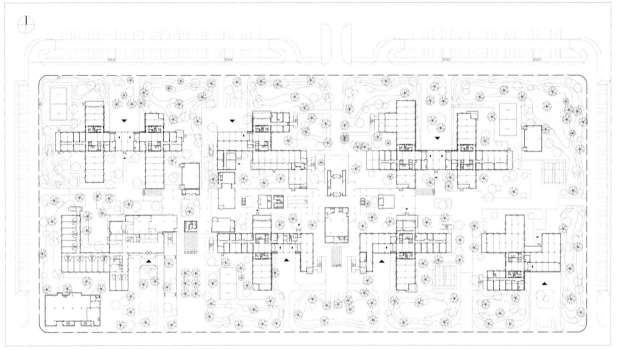

首层平面图

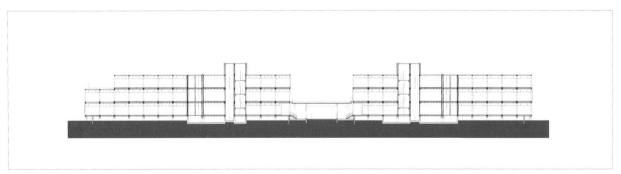

剖面图

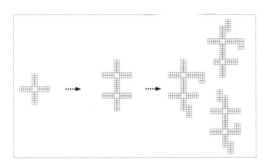

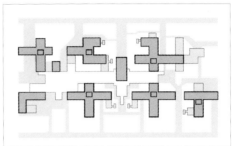

以装配式箱型母体构成十字单元,通过生长、错位、围合等手法营造丰富的形体关系与空间体验。

装配式集成化的箱式模块建造体系,12m×4m×3.6m单元模数。

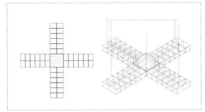

装配式集成化的箱式模块建造体系,十字单元。

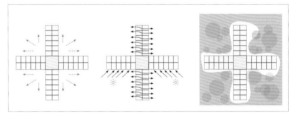

绿色生态十字单元模式示意图

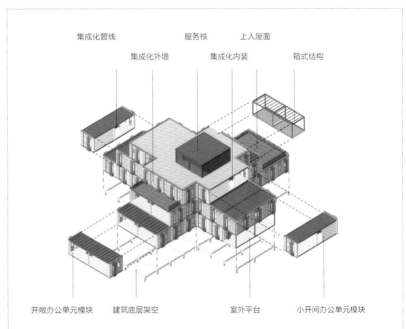

各组建筑由一个个12mx4mx3.6m的模块组成。每个模块高度集成化,结构、设备管线、内外装修都在工厂加工好,现场只需拼装就可完成。

设计随笔

　　雄安是一座定位很高的未来新城，从规划到建设估计要数十年的时间。为了有效地开展现场指挥工作，雄安管委会决定就近搭建一处计划使用十年的临时办公区，内容包括办公、会议、展示、生活设施和早期入驻企业的办公区。时间紧、任务重。为此，中国建筑学会组织了由院士、大师领衔的集群设计，在确认周恺大师团队的规划方案的前提下，各自分工投入建筑设计工作。于是我们便承担了企业办公区的设计工作。

　　建筑规模不大，但工期紧，要求高，又要体现雄安高品质绿色发展的理念，我们便想到采用集装箱技术。正好院内有关部门一直与中集集团有合作，也有不少宝贵的经验。我们便组建了联合设计团队开展工作。集装箱是耐候钢框架结构，强度高，自承重，可搭建成十几层的楼房，技术安全可靠；它尺寸标准，易于运输，内部空间、设施设备可在工厂里装配、装饰，到现场整体拼装，连接管线，立面嵌缝，屋面防水，十分快捷，质量有保证。但问题是它的标准化容易带来单调、重复的效果。如何让它有变化，有灵活性，有生长感，以适应场地和功能的需求，成为设计的重点。

　　我们从基本模块开始研究，结合办公和酒店等不同功能，推敲其组合的方式。采用十字形布局，让建筑伸向景观、树林，避免体量集中，与环境有隔离感。采用标准而可调的立面墙板系统，让每个箱体开间的立面呈现不同的节奏变化，装在一起形成了有节奏的条码形式，新颖并有些时代感。我们在室外楼梯、阳台等处增加钢丝绿网，让植物向上攀爬，打破过于理性和工业化的外观，使之融入环境。我们还做了屋顶绿化和种植系统，既可隔热吸尘又补偿了占有的绿地，只是可惜不知为什么屋顶绿化成了负面清单，没有实现。另外，我们还用普通钢结构搭建了中央服务带，上为木平台，将各栋房子连为一体，下为各类餐厅、食堂，成了员工休息共享的好去处。

　　设计的模数化、部品化、装配化，为快速加工提供了条件。600多个功能箱体在广东江门制造完成，装船运输到天津港，再转由高速公路运抵现场。现场总包将箱体吊装在已施工完成的钢筋混凝土框架梁台上，40多天就完成了所有搭建工程，表现出装配式工艺的优势和高技术建造的水平。

　　近几年，我每次前往雄安开会，都会到这里，或吃顿工作餐，或小住一晚，看到楼前屋后的草木越长越高，绿荫之下，这组集装小楼变得越发亲切可爱，希望它能预示着这座绿色城市的未来吧！

一种寄生式绿色改造
A parasitic green transformation

雄安设计中心 · XIONG'AN DESIGN CENTER

设计 Design 2018 · 竣工 Completion 2018

地点：河北雄安 · 建筑面积：12 317平方米
Location : Xiong'an, Hebei · Floor Area : 12,317m^2

合作建筑师：刘恒、徐风、倪斗、张崴、张维蕊、杨明、黄剑钊、杨力吉
Cooperative Architects : LIU Heng, XU Feng, NI Dou, ZHANG Wei, ZHANG Weirui, YANG Ming, HUANG Jianzhao,YANG Liji

合作机构：中国城市发展规划设计咨询有限公司
Cooperative Organization : China Urban Development Planning & Design Consulting Co., Ltd.

策 略：改造、嵌套、复合、共享、再生、开放

摄影：张广源、李季
Photographer: ZHANG Guangyuan, LI Ji

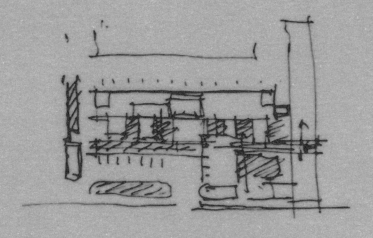

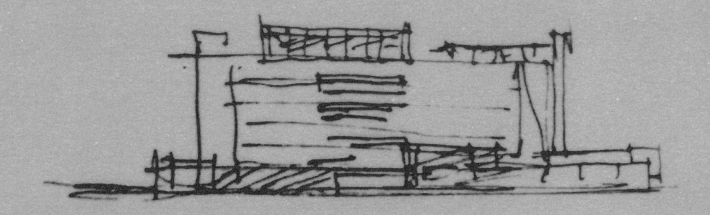

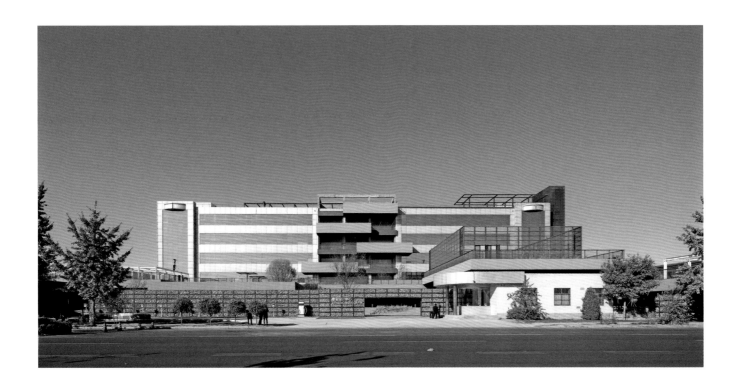

　　雄安设计中心利用容城县原有制衣厂生产楼改造而成，旨在为先期进驻雄安的国内外设计机构提供一个办公场所与交流平台。原有的建筑主要改作租赁式办公，并加建了会议中心、展廊、会议室、餐厅、制图、共享书吧、屋顶农业、零碳展示馆、超市等配套功能，使设计中心成为雄安设计、艺术、文化、展示交流的主要窗口。

　　改造采用"微介入"式的改造策略，以"少拆除，多利用，快建造，低投入，高活力，可再生"作为项目设计目标，最大化保留老厂房，实现新旧共生发展。整个设计贯彻本土绿色设计理念，通过梳理城市界面环境形成内聚空间。底层室外檐廊串接不同主题院落空间，引导健康行为方式，与各层平台共同构成立体化生态交往空间，让人们在自然中办公、在共享中创造。

　　建造施工采用钢结构模块化装配式快速建造，可实现空间灵活转换。能耗利用上通过将半室外走廊定义为缓冲过渡空间，大幅降低室内能耗；并通过光伏发电、海绵回收调蓄等手段形成"光—电—水—绿—气"的能源循环自平衡。拆除过程产生的大量建筑废渣也被就地利用，作为填充物应用在景观石笼墙与铺装内，实现材料再生循环。

Xiong'an Design Center, renovated from an existing factory of Rongcheng County, serves as a working space for design organizations. The original building was renovated into leasehold-based offices, with newly-added amenities including conference center, exhibition gallery, restaurants and zero-carbon exhibition hall, making it a major hub for design communication.

With renovation approaches featuring micro-intervention, existing parts of the factory have been preserved to the maximum extent to achieve common development of the new and the old. Land-based sustainable design ideas are fully implemented, forming a cohesive space. Multi-themed courtyard spaces are connected by corridors, promoting healthy lifestyles with ecological shared spaces, where people work and create in nature.

The construction was implemented with prefabrication of steel-structured modules semi-outdoor corridors, defined as buffering spaces, have drastically reduced interior spaces' energy consumption. A self-balance of energy cycle is achieved through strategies such as photovoltaic power generation and sponge-styled water recycling and regulation. Building waste was also reutilized on site to be fitted into gabion walls or pavement as a sustainable approach.

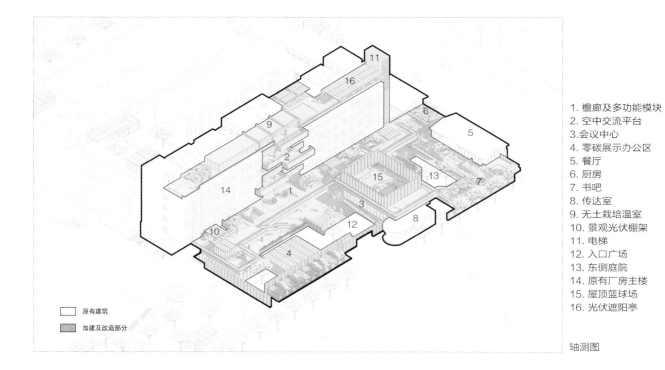

1. 檐廊及多功能模块
2. 空中交流平台
3. 会议中心
4. 零碳展示办公区
5. 餐厅
6. 厨房
7. 书吧
8. 传达室
9. 无土栽培温室
10. 景观光伏棚架
11. 电梯
12. 入口广场
13. 东侧庭院
14. 原有厂房主楼
15. 屋顶篮球场
16. 光伏遮阳亭

原有建筑

加建及改造部分

轴测图

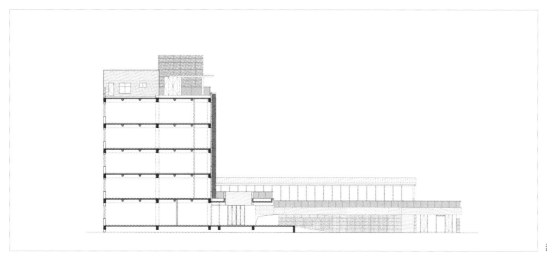

剖面图

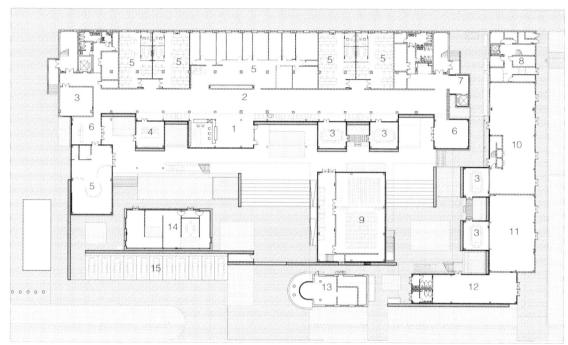

1. 展廊潜艇
2. 展廊
3. 多功能模块(会议室)
4. 贵宾接待室
5. 共享办公区
6. 办公潜艇
7. 电梯厅
8. 厨房
9. 会议中心
10. 图文服务中心
11. 无人超市
12. 共享书吧
13. 传达室
14. 零碳展示办公区
15. 新能源充电车位

首层平面图

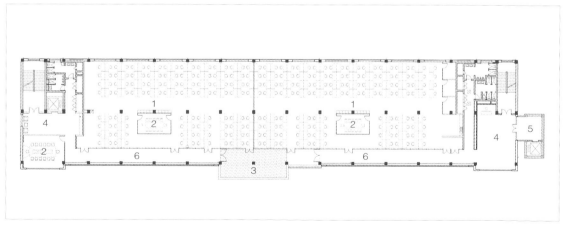

1. 开敞办公区
2. 独立会议室
3. 室外交流平台
4. 办公前厅
5. 电梯厅
6. 走廊(热交换缓冲空气间层)

标准层平面图

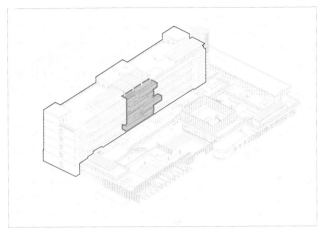

设计100%保留了原有生产车间的主体结构与空间利用模式，仅在外立面进行了局部开敞阳台空间改造，相较于拆除重建的开发方案，减少了4.5万m³工程量。

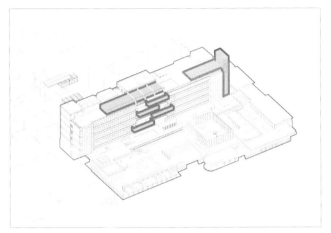

设计保留了90%的原生产厂房主体结构及外立面，仅在建筑中部置入外悬挑平台，供办公人群日常休憩交流使用。

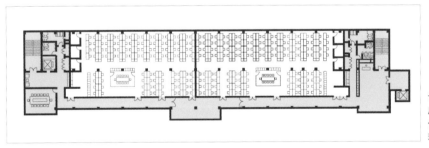

设计将交通公共走廊定位为"空腔暖廊"，相关暖通标准与空调负荷均按最低标准值设计，经测算室内空间整体能耗降低约42%。

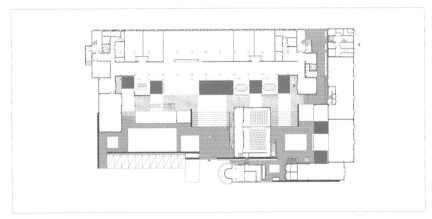

建筑内部展廊沿线间隔设置室外庭院，优化室内采光效果的同时，将自然景观引入室内。

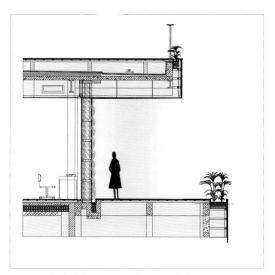

设计将传统意义的室内交通走廊定义为半室外檐廊，灰空间依靠热压获得良好的通风效果，并通过沿途设置多层次绿植获得连续的景观体验。

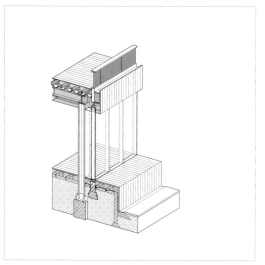

设计将室内外生态木铺装、玻璃幕墙、金属网栏板整合为统一的外围护体系，内外同步施工，有效地控制了建造品质与施工周期。

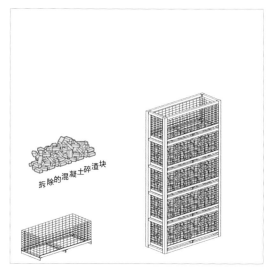

利用改造过程中拆除的混凝土碎渣块作为填充材料，装入预制的石笼，形成连续的景观隔断墙体。

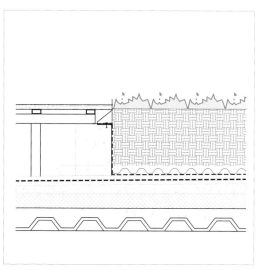

屋面种植采用保绿素轻质骨料作为种植基质，大幅度降低屋面永久荷载。

设计随笔

　　少拆除，多利用，旧建筑改造利用是最有效的绿色环保。雄安设计中心就是利用容县城西一座租借的多层厂房改造而成。

　　雄安的建设是千年大计，许多人都在想千年后的城市是什么样子。其实任何一方土地的历史都不止千年万年，人类在这片土地上的生息留下了一层层的积淀和痕迹。看似没有什么历史痕迹的场地是因为我们忽视了眼前的短暂历史。我们今天的大拆大建不仅造成了大量难以降解的建筑垃圾，破坏了环境，也浪费了可用的资源，当然也抹杀了时间的记忆。其实雄安的未来应该始于对既有建筑的更新。

　　面对这座普通得不能再普通的多层制衣厂房，集团给的任务是要少花钱、多利用的轻改造。有限的钱怎么花？有人想把立面改得好看点，这钱虽不一定花多少，但花得不值得。有人想做个内装修，也不是重点。我提出改和扩结合，厂房改办公，把立面局部幕墙拆除，露出外廊，前院用轻结构搭建会议室和食堂及休息敞廊和平台。这样改造的目的是为来自各地的设计师们搭建一个开放共享的设计社区。节能主要利用空间语言，原立面不拆不贴保温材料，让办公区的玻璃隔断退后，留出走廊，自然形成了夏天遮阳、冬天蓄热的过渡空间，有效地降低了空调负荷。环保主要靠利用废旧材料，不仅利用自身改造中的废弃物，还将周边地区拆除的部分特色材料装入金属网笼中，显示出环保减排的理念。绿色主要关注健康的工作和休闲环境的营造，让设计师多到户外交流工作，让绿植更靠近建筑，立体的平台成为提高工作品质和效率的"呼吸机"。风貌上强调一种融合有机性，不伪装，不化妆，让新生活注入旧建筑，产生出真实、动人的混搭特色。

　　雄安新区对风貌也做过大量的研究，用什么风貌语言统一新城建设都不太好定，最终发现还是混搭的做法看上去更像生长出来的城市，也表现出包容和创新的城市精神。我想，这种包容应该从对既有建筑的保留做起，这种混搭应该更强调历史、过去和未来的时空性混搭，而不是不同风格的装饰性混搭，这才是真正的城市生命孵化演进的开始。雄安设计中心就是这样一次小小的试验，花钱不多，意义不小。

揭顶透绿，老厂生机
Vitality aroused by green court

成都中车共享城启动区　CHENGDU CRRC CITY STAR, PHASE I
设计 Design 2018　竣工 Completion 2019

地点：四川成都 · 建筑面积：27 300平方米
Location : Chengdu, Sichuan · Floor Area : 27,300m²

合作建筑师：喻弢，胡水菁　曾瑞，窦森、冯君
Cooperative Architects : YU Tao, HU Shuijing, ZENG Rui, DOU Sen, FENG Jun

策　略：废旧利用、减排、覆绿、开放

摄影：张广源、李季
Photographer: ZHANG Guangyuan, LI Ji

地块东侧为建造于不同年代、紧密相连的三组厂房，西侧存有烟囱、棚架以及多条轨道等原有工业设施。

将位于场地中轴线上且最晚建成的组装车间改造为"四季花园"，拆除其屋面、外墙，保留屋架、立柱，使之成为一处开敞空间。相对于两侧保留的厂房，"四季花园"没有明确的使用功能，但在原有结构间加入层叠错落的钢桥、钢梯、平台，为使用者和游览者提供了全新的空间体验。首层覆以自然的绿化植被，为原本冰冷、刚硬的构架增添了生机。

南北两侧的厂房利用架起的"盒体"实现首层和上层功能空间的分离。首层均为与外界连接紧密的店铺及多功能空间，二层及以上则为较为私密的办公及其他用房。北侧联合厂房空间较高，面积较大，业态以零售、餐饮、影院为主；南侧柴油机车间空间较小，改造为联合办公。

厂房西侧没有工业遗存的区域，集中建造地下停车场及地上办公空间，但地上部分的形态仍延续"盒体"的概念。地块西侧存有几处工业设施，通过景观和室外动线设计，将原本分散的遗存有序、有趣地组织在一起。尤其是利用北部的轨道，摆放若干辆装饰一新、各具特色的列车车厢，容纳展示、餐饮等不同功能，打造出一处丰富多彩的室外活动场地。

On the site, three groups of workshops built in different periods were located at the eastern part of the site while chimneys, shelves and rails were located at the western part.

The design has renovated the assembly workshop, which was located on the axis of the factory as its newest workshop, into an "all-season garden". The roof, exterior walls were removed while columns and trusses were preserved to form an open space. Without specific definition of its function, steel bridges, stairs and platforms were added to offer novel experience for visitors. Natural plants covered the first floor, adding to the originally rigid frame.

Boxes built on stilts have differentiated the second floor from the first floor, where shops and multi-functional spaces with access to the outside are located, while offices and other spaces are located on the second floor. Retail, catering and filming services are located in a large and tall workshop at the north, and co-working spaces are located in relatively small workshops at the south.

At the west part of the factory, offices and underground parking spaces are located where there were no industrial relics. Remaining rails are complemented with refurbished trains for exhibition and catering.

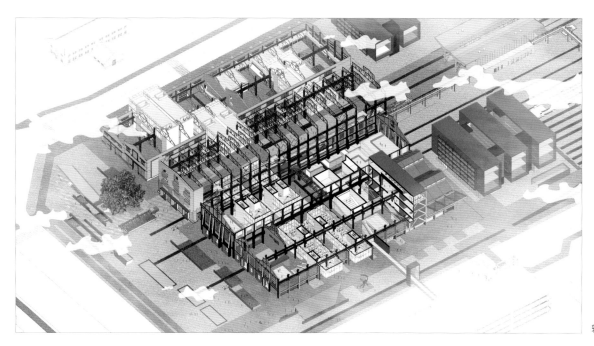

轴测图

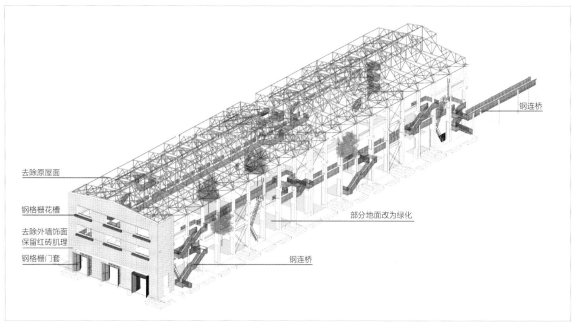

去除原屋面

钢格栅花槽

去除外墙饰面
保留红砖肌理

钢格栅门套

钢连桥

部分地面改为绿化

钢连桥

四季花园概念示意图

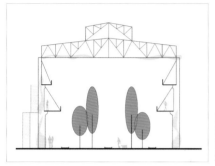

四季花园：利用厂房四周框架柱和多数混凝土梁架设钢结构步道、楼梯和挑台，去除屋面并保留钢桁架，局部破除原水磨石地面并栽植各类植物。

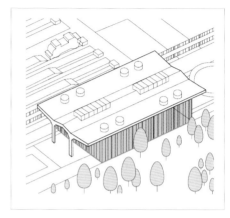

利用原有Y形机车维修棚作为改造后的建筑屋顶，底部置入轻钢幕墙单元作为售楼处展示空间。

艺展中心：保留混凝土棚架，四周增添玻璃、金属幕墙，内部增建钢结构楼板、楼梯，使原本废弃的构筑物转变为多功能公共空间。

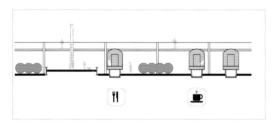

机车展场：场地中并列多条轨道，在轨道之间栽种各类花草，轨道上摆放回收的老旧机车作为轻食餐车，钢结构步道从四季花园，经艺展中心架设于轨道上方，形成立体交叉的游线。

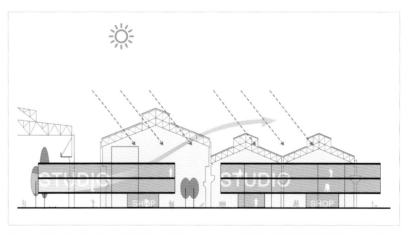

联合车间和柴油机车间：保留联合车间屋架和立柱，将原有屋面更新为金属屋面和采光天窗，在厂房内部通过轻钢结构增添"盒体"空间，容纳办公、展览、商业等功能。"盒体"内部为空调使用空间，而半室外公共空间则为使用者提供了更多与阳光、空气接触的机会。

设计随笔

这是一次未完成的改造，而未完成也并非没有意义。事情的开始还是城市更新。在成都传统工业集聚地成华区，有一座占地不小的客车车辆厂，曾是制造和修理火车车厢的地方。一排排高大的厂房，中有轨道穿越天车梁高架，厂房外还有验车台和蓄车场，展现出曾经的辉煌时光。随着城市的扩展，原本在市郊的厂房已被周边开发所包围，地铁站也修进了厂区。中车集团便计划将这片早已停产的老厂区纳入开发。估计业主之前也请过不止一家设计单位，主要任务就是如何提高开发量，并在规划上说得过去；而找到我们则是为了先盘活存量，让不能拆的老厂房活起来。

虽然任务规模不大，更不是赚钱的活儿，但正在进入存量发展的时代，做工业厂房改造的任务还是很有代表性的。之前我们设计了西安大华1935更新项目，对这类项目也有些经验，所以就答应了下来。

此次任务改造的对象既非某座单一厂房，也不是由若干地块组成的更大范围的厂区，而是位于同一地块内、相距不远的几座厂房和若干构筑物。如何不限于在一座厂房内部进行"装修"式的改造，而是寻求一种系统性、整体化的"介质"整合场地内所有的保留元素，是设计最初需要解答的问题。这座厂区因火车而生，火车无疑是这里有别其他工业遗址的核心特征。以列车车厢为概念母题，既可以"扣题"，也能够成为贯穿整个用地的要素，实现"以点成面"的效果。

我们设想通过桁架结构和轻质表皮构建一座座"车厢"型单元，容纳文创办公一类较为安静、私密的功能，彼此沿南北向错动排列，与东西走向的厂房及轨道形成垂直交错的布局。"车厢"之下的首层空间是由玻璃界面围合而成的一座座店铺，店铺之间是各自的外摆区和公共空间。厂房外墙多数予以修缮保留，屋面则全部替换并随机设置玻璃天窗。保留外墙更新后形成的"外壳"既可以遮风挡雨，又不阻隔阳光和空气的进入，室内外空间相互交融，成为室内的室外空间，可以引入植物绿化、陈设外摆，形成不用能的大空间。在一排厂房的中间，有一座组合车间，屋面结构已残破，位置又比较居中，索性将其屋顶取消，地面去除部分混凝土，成为开放的四季花园，为西侧商业和办公空间提供共享的庭院。四季花园北面正对一座交车库，采用的是如站台雨棚般的双Y形柱结构，比较特别。通过轻介入，改造成一个售楼处和展厅。展厅的侧面是蓄车场，加入钢木栈道，便于人们走近各种各样的老车厢。

整体环境最重要的是再生态化的策略。保留现状大树，间植茂盛的观赏草，让绿色再次占据厂区的角角落落，有了宛如荒弃多年的沧桑之感，与旧厂区的味道相符。

一期不大的动作很快完成了，但由于市场的原因，开发的进程慢了下来，厂房的二期改造缺乏资金推动，我们也因为与业主的观点有差异而撤出了项目。但我还会时常看到一些同事发来的照片：草长高了，树变大了，蔓藤爬上墙，花朵开在生锈的钢轨旁，孩子们由大人领着在栈桥上参观涂成五彩的火车车厢。老厂区变成了一片美丽的公园。这让我觉得在未来的城市更新中，可以有大动作，也可以有小动作；可以对建筑做硬改造，也可以对场所搞软改造；可以有一次到位的改造，也可以有临时的、渐进式的改造；想得清楚时就动手实施，想不清楚时就先种花、植草、栽树，总比扔在那里不管，变成城市中的废弃地要好得多。我设想，在经济缓行的若干年里，我们的城市并没有因为缺乏资金而破败，反而能变得更绿了，更生态了，更美了。老百姓又多了那么多各具特色的工厂公园、矿坑公园、铁路公园、高架桥下的公园，那该多好啊！"少建房子多绿化"是最简单易行的绿色环保！

像玩具一样的房子
A building designed as a block toy

徐州园博园儿童友好中心　CHILDREN-FRIENDLY CENTER OF XUZHOU GARDEN EXPO
设计 Design 2020 · 竣工 Completion 2022

地点：江苏徐州 · 建筑面积：4 760平方米
Location : Xuzhou, Jiangsu · Floor Area : 4,760m^2

合作建筑师：关飞、董元铮、毕懋阳、卫嘉音、庄彤、巩艳红、肖芬芬、彭典勇
Cooperative Architects : GUAN Fei, DONG Yuanzheng, BI Maoyang, WEI Jiayin, ZHUANG Tong, GONG Yanhong,
　　　　　　　　　　　XIAO Fenfen, PENG Dianyong

策　略：装配、开放、轻构、关爱、科普

摄影：吴清山
Photographer: WU Qingshan

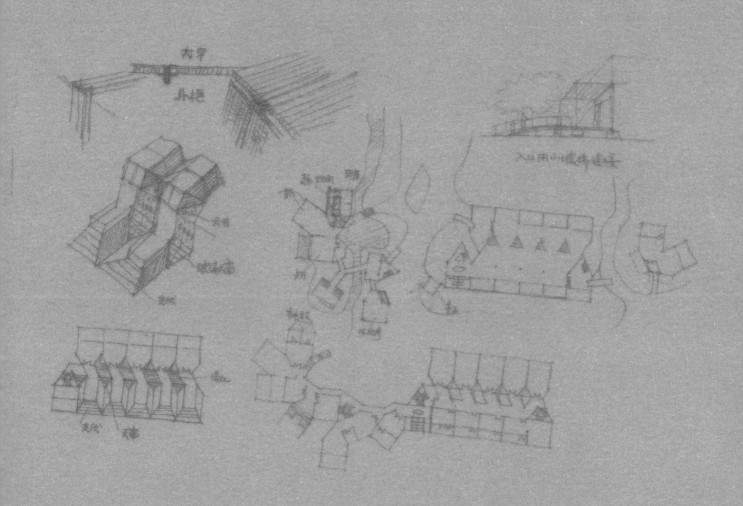

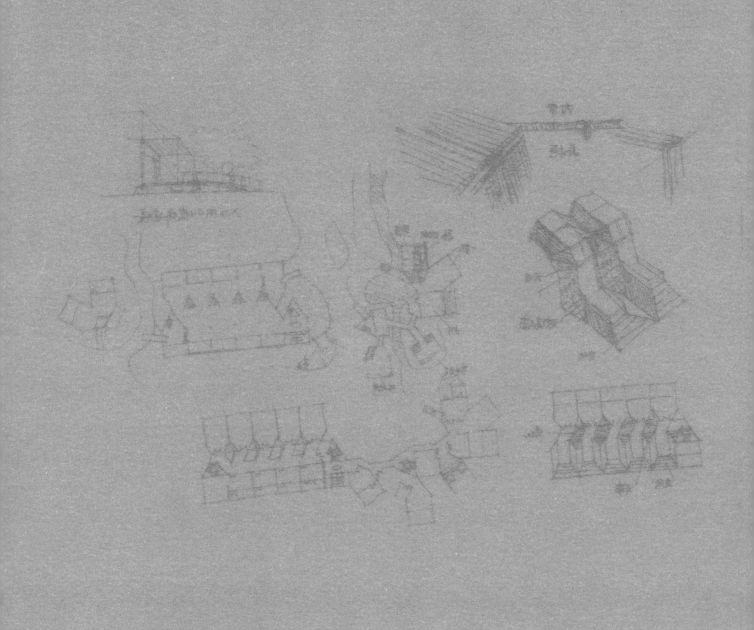

儿童友好中心位于园博园西北角一隅，兼具作为园区5号门的门户功能，因此需具备一定的标志性和独特性。在保障绿色、快速搭建的建构体系下，建筑与景观高度一体化的设计，为儿童营造出亲切、开放的教育空间，以及丰富、自然的户外游戏乐园。在保障教育活动空间的实用性和灵活性的前提下，尽可能创造公共空间的多样性和丰富性。

设计以"七巧板"玩具为原型，通过对五边形单元平面进行拓扑组合，从形象上拟合了儿童在林中嬉戏的状态，呼应了儿童的活动行为，在总体布局上更加贴近场地环境。边长为3.6m的五边形既是结构构件的基本单元，也是建筑构造的基本单元，并形成了基本空间的尺度。在遵循装配式单元化要点的基础上，营造出灵活可变的开放性空间，以满足多样化活动需求，形成丰富的建筑形态以适应不同的场地环境，让儿童在高低错落的建筑空间内体验自然。

Located in the northwest corner of the garden, the Children-friendly Center serves as the gateway of the Expo with its symbolic appearance. Highly integrating architecture and landscape elements, the design creates a friendly and open interior space and natural outdoor playground for children. The prefabricated construction system not only obtains a fast and green construction process, but also provides flexibility and diversity to the public education space.

Traditional Chinese toy "Tangram" is used as a prototype of the design. By the topological combination of the pentagonal unit plane, the scene of children playing in the forest is represented, echoing the topographic changes in the site. The 3.6m-long-side pentagon is not merely the basic unit of structural members, but building construction, and forms the basic spatial scale. Following the main points of prefabricated units, a flexible and open space is created to provide children spatial experiences in the high and low spaces.

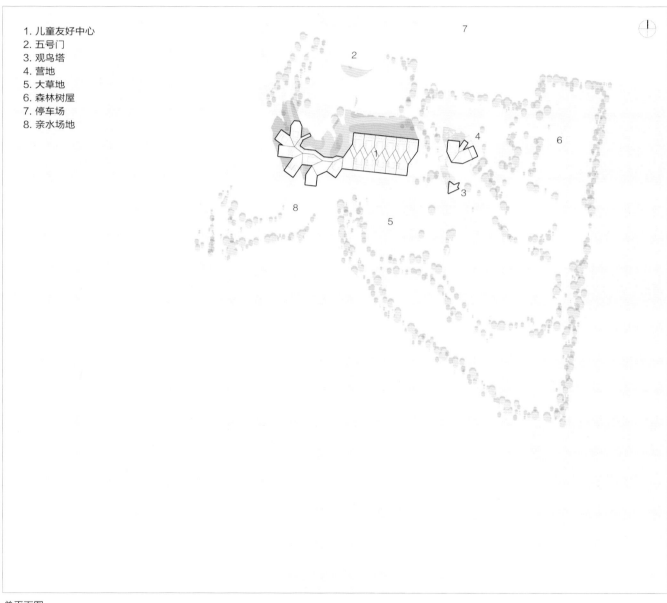

1. 儿童友好中心
2. 五号门
3. 观鸟塔
4. 营地
5. 大草地
6. 森林树屋
7. 停车场
8. 亲水场地

总平面图

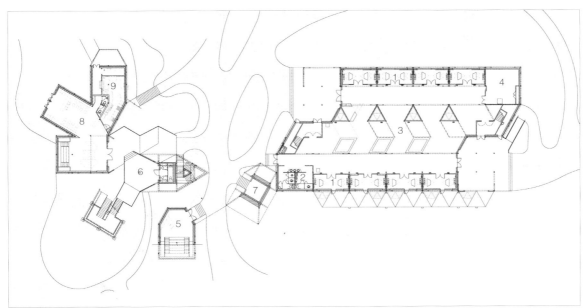

1. 活动室
2. 卫生间
3. 综合活动厅
4. 设备间
5. 冷饮吧
6. 室外露台
7. 休息亭
8. 餐厅
9. 厨房

首层平面图

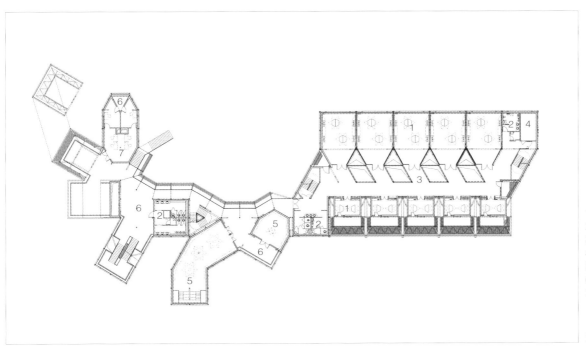

1. 活动室
2. 卫生间
3. 走廊
4. 设备间
5. 书吧
6. 室外露台
7. 办公室

二层平面图

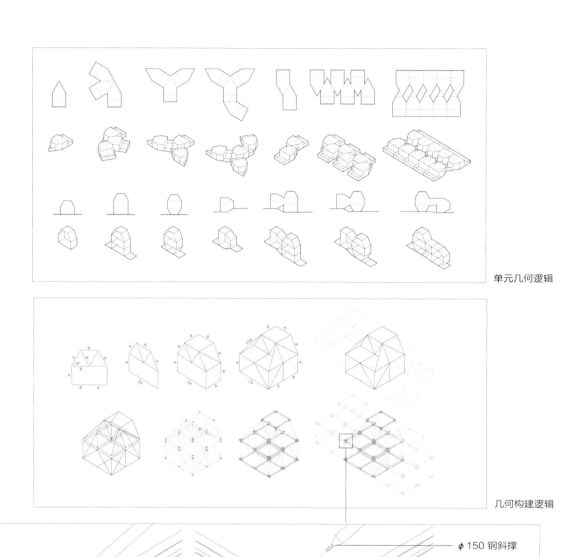

单元几何逻辑

几何构建逻辑

φ150 钢斜撑

十字焊接支座

梁头节点

钢梁夹板

工字钢梁

螺栓球节点

构造节点图

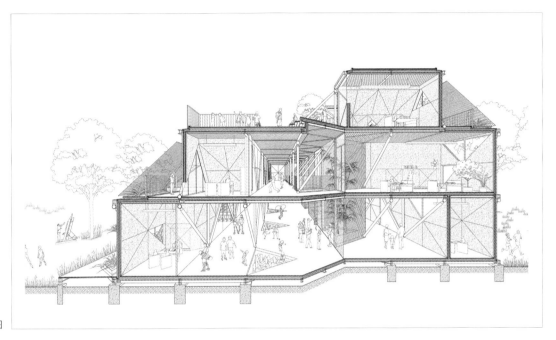

剖透视图

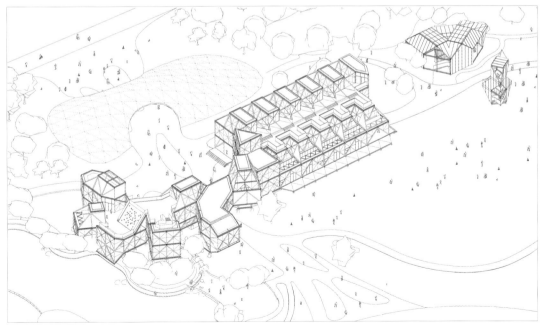

轴测分析图

设计随笔

徐州儿童友好中心是让小朋友们接近自然、探索自然的儿童活动营地。这个小小乐园像一块拼图，融入整个园林博览会的山水鸿图中。

儿童与自然之间，有着密不可分的联系。自然是儿童成长的土壤、是儿童教育的重要资源，也是儿童体验世界的重要场所。孩子们喜欢在田野中、在草地上、在阳光下奔跑嬉戏，这样的画面充分展现了儿童与自然之间的情感联结。我们希望儿童友好中心是一座轻轻降落在田野中的小屋，它开放友好、轻松有趣，随时随地与大自然保持沟通和能量的交换，是儿童在自然中的庇护所、落脚点。

踏勘现场时是初秋，基地是一片平坦、萧瑟的原野。流经用地西界的泄洪渠，自北向南形成一段富有野趣的石岸溪流，丰水季节通过两级橡胶坝积蓄，最后汇入南侧的悬水湖。

现场显得贫瘠，主要原因是整个基地被较浅的大片坚硬岩石层覆盖。正是这些地表岩石，使西侧的泄洪渠溪岸天然获得了叠石造景的园林情趣。

在这样的地质条件下建设，结构基础的处理将难度大代价大，地质条件天然的限制与本土设计的理念不谋而合——不考虑重型结构和深基础，不考虑对基地的大范围开挖爆破，而希望求诸于轻质建构的体系，浅基础、轻结构、装配式建造、使建筑在原野溪流上"盈盈而立"。

对西侧溪流稍做改道和截流，建筑偏置于基地西北，临溪而建。基地中心空出集中向阳的一大片草地，为建筑面南一字排开的活动室扩充了室外游戏场地。基地东部与东南部跟周边的既有仿古建筑群之间用密林隔开，林中探险的户外营地和观鸟塔掩映林中。建筑布局与景观的开合关系由此确定。一组白色的童话小屋，西临溪流潺潺，南临绿草茵茵，东临密林葱茏，为自然环绕，而少干涉自然，似乎可以随时飞走而不落痕迹。

单元式的设计思想来自自然造物的启迪。从向日葵、蜂巢、雪花到微观世界的细胞、微生物，几何体的相似、重复和镶嵌，使我们在自然中得到太多完美的形式示范。单元式的设计策略则是装配式建筑的灵魂，它决定了建筑空间和建构的基本尺度，决定了空间延展和变化的方法和可能性，决定了建筑构件的拆解、组成、装配、施工方式，决定了工业化预制生产与现场施工的效率、安全与经济性。

设计的起点是希望寻找一种几何单元，既能提供标准化和空间组织的效率，也能提供几何特性上的趣味。我们决定采用这样一个五边形——由一个正方形和一个等边三角形组成，它在平面上拥有等长的五条边，使它具有密拼性和生长性。同时在方向上提供了90°和60°两种拼接和转向的机会，使组合拥有更多变化。它的90°内转角提供稳定的空间，60°内转角则解决多向的通行。它的形式感带有天然的童趣——像一截彩色铅笔，像一块稚拙的积木，像一个儿童简笔画的童话小屋。这个基本单元的更大的优点是，二维和三维可以同时应用。

于是房子就像在花园中搭积木一样，自然而然地生成了。功能包括标准的活动室，也包括丰富多样的亲子活动空间。

在二维平面内，以致密排列的标准活动室为核心，建筑向东、西两个方向生长裂变：向西延着溪流旋转、扩散，向东则分裂为营地、观鸟塔等几个独立的小单体，使完整的建筑体量完全消融于树林中。

在三维剖面上，建筑群的地坪根据周边地形和景观的需要而起伏，五边形空间单元的几何特性提供了完美、标准的标高衔接方式。产生了近水戏水空间、远眺观景空间、书吧的阅读台地、屋顶小剧场、户外营地、高耸的观鸟平台等多种不同类型的空间体验。所有的立体单元都通过短柱架空在混凝土浅基础上，漂浮在草地上方。

在五边形单元确定之后，如何将抽象的几何原型转化为实际建构的逻辑？我们选择将单元体边长物质化为钢结构自身——抽象单元体的等边，成为等长的结构杆件，抽象的三维组合关系则化为钢空间网架，网架自身的结构高度容纳了建筑空间。

考虑到儿童活动的空间需求和行为尺度，将单元体的边长设定为3.6m。相对小巧的单元跨度使作为空间网架的上弦、下弦和腹杆的圆钢直径可以缩小到180mm。均一的几何尺寸，带来基本均一的截面，和有限的连接节点。由于作为空间结构的网架不能由下弦单独承受楼面荷载，我们在分层处将上下层的单元体分开，使其各自分别成为独立的单层网架，分别独立承受不同楼层的楼面荷载。网架的层叠关系在立面上呈现为层间联结特殊的节点形式，使结构逻辑可读。结构构件暴露在围护结构外，进一步提高了钢结构的防火安全性。就像儿童简笔画一样——结构一笔一画搭起了框架，围护界面嵌在里面，建筑的外观看上去显得灵巧、稚拙。

围护界面也采用轻质材料，镂空不锈钢板幕墙、阳光板幕墙、金属网幕墙，以及装配式垂直绿化外墙。通过在立面上像七巧板一样的组合，分别解决建筑的保温、采光、通风、安全防护的需要，进一步增强了建筑围护构件的单元化特征。单元构件的工厂化预制和现场装配作业使建筑整体更精致。半透明材料的应用，使建筑获得轻盈的、朦胧的外观。

项目建成之后，在这个小巧的几何世界中漫游，随时随地感受到几何框景中的自然。多边形体系自造了一个几何园林，空间的变化和乐趣，带给人一种轻松、开放的体验。

轻松的建造，在实践中却并不是一个轻松的话题。建筑工艺水平从现场向工业化转移，一方面对建筑设计的流程提出了优化的挑战，对诸多专项深化设计的深度和介入时间提出了更高的要求；另一方面对建筑师的知识结构和经验提出了更多要求，要求建筑师可以迅速学习，掌握设计、生产、施工等多方面的知识和技能。装配式带来的高精度也是双刃剑，使建筑对设计和施工错误的容忍度降低。当一个严密的几何系统控制了一座建筑的平面、立面、结构体系，直至装饰和细部，也就意味着错误可能更刺眼，也更难以弥补。

一个轻松的小房子，建造的过程并不轻松，结果当然也远非完美。我们不禁自问，这种"不轻松"，会随着建筑师知识结构的进阶和建筑行业工业化的进步而改善吗？我们持续在思考和实践。

衍生式的更新
Ever-growing renewal

科兴天富厂区更新改造　SINOVAC TIANFU FACTORY RENOVATION
设计 Design 2021・竣工 Completion　2021

地点：北京海淀・建筑面积：23 000 平方米
Location：Haidian, Beijing・Floor Area：23,000m^2

合作建筑师：关飞、董元铮、刘佳凝、卫嘉音
Cooperative Architects：GUAN Fei, DONG Yuanzheng, LIU Jianing, WEI Jiayin

策　略：轻构、装配、透光、开放

摄影：李季、刘佳凝
Photographer: LI Ji, LIU Jianing

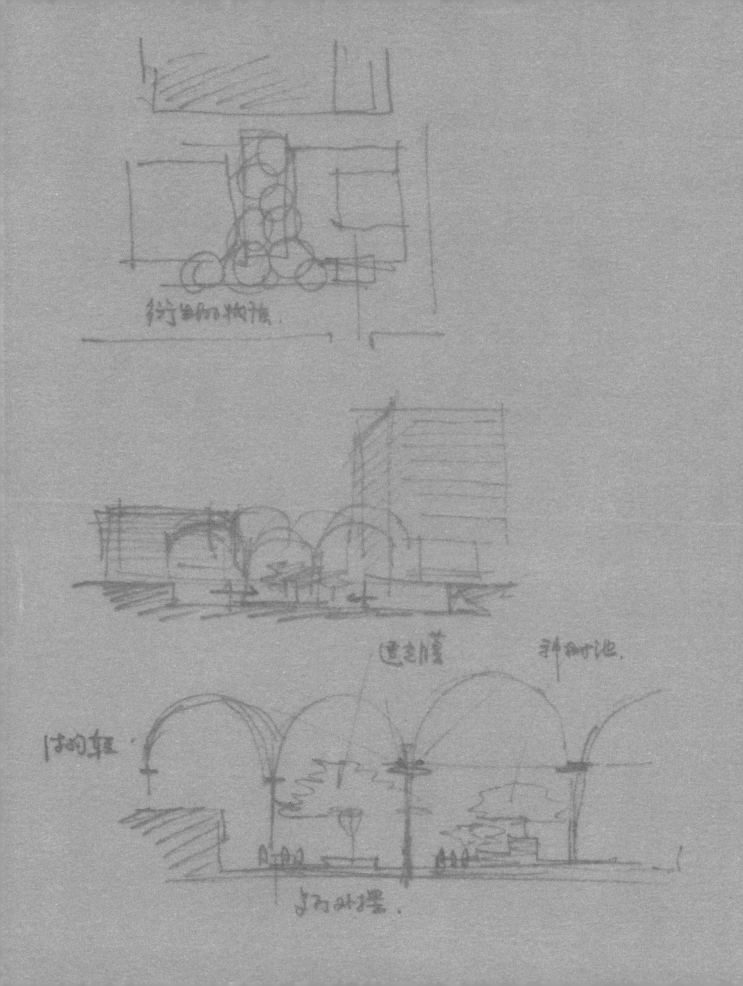

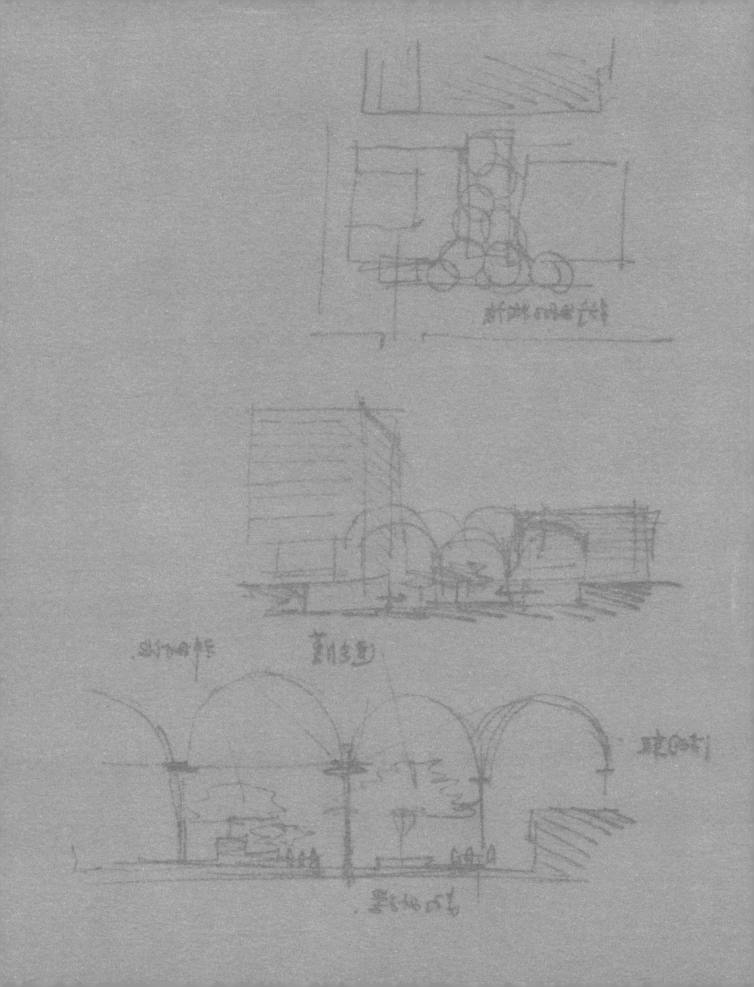

科兴天富疫苗厂区由既有工业厂房改造而来。厂区的密度较大，开放空间较少。改造在不影响生产办公的前提下，通过局部轻介入，为员工在通往食堂必经的下沉庭院处提供一个遮风避雨的、半室外的休闲活动场所。

装配式的模块装置，以轻型金属和膜结构介入现在略显消极的空间缝隙。基本几何体来自象征细胞的球面拱，为了使球面拱能"嵌入"直线边界的剩余空间，对拱在投影面上做60°等边的切削，得到一个模块原型。纤细的不锈钢张弦柱+不锈钢圆管拱梁组成主体结构，三角单元的铝合金杆组成次级结构，覆以ETFE透明张拉膜。

这一原型通过在各种剩余空间中的组合、拼装、蔓延，实现多种空间形式，且从设计到施工仅用100多天，实现了工期短、现场作业少、干扰小的目标。具有高度适应性的系统未来还可以在科兴多处既有厂区的提升改造中发挥作用，进而成为一种空间线索和场所标志。

The Sinovac Tianfu Factory is renovated from existing workshops. Challenged by high density and insufficient open space, the design has adopted a light-intervention approach to avoid disturbance to ongoing production and create a semi-outdoor public space for recreation.

Prefabricated modules featuring light-weight metal and membrane structures have filled existing negative gaps. Spherical arches resembling cells are the fundamental geometric units, connected with the main structure of slim stainless string columns and arched beams, as well as the secondary structure of triangular aluminum alloy rods, which are covered with ETFE tensile film.

The combination and extension of the prototype has achieved a design & construction period as short as 100+ days with little on-site work and disturbance. The highly adaptive system can be also applied to other plants of Sinovac in the future.

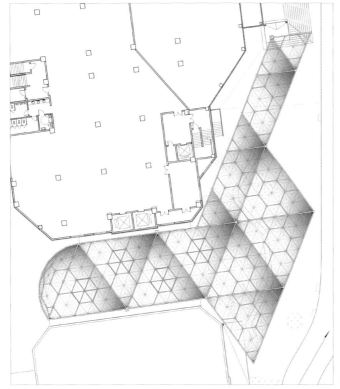

屋顶平面图

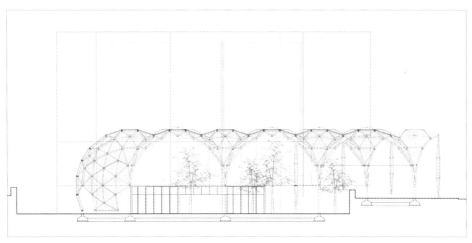

剖面图

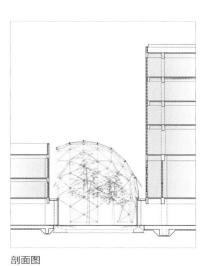

剖面图

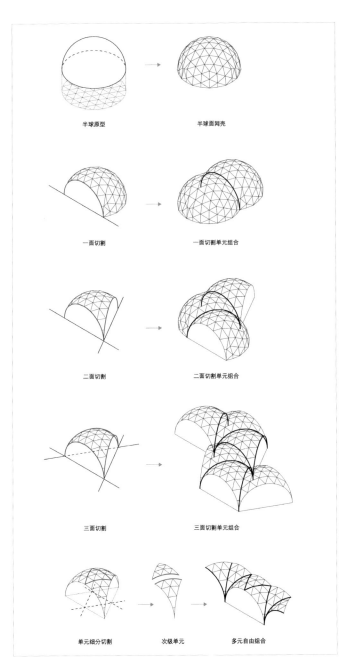

半球原型　　　　　半球面网壳

一面切割　　　　　一面切割单元组合

二面切割　　　　　二面切割单元组合

三面切割　　　　　三面切割单元组合

单元细分切割　　次级单元　　多元自由组合

单元爆炸图

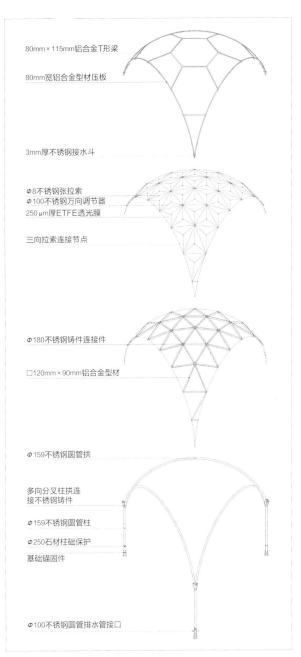

80mm × 115mm铝合金T形梁

80mm宽铝合金型材压板

3mm厚不锈钢接水斗

φ8不锈钢张拉索
φ100不锈钢万向调节器
250μm厚ETFE透光膜

三向拉索连接节点

φ180不锈钢铸件连接件

□120mm × 90mm铝合金型材

φ159不锈钢圆管拱

多向分叉柱拱连
接不锈钢铸件

φ159不锈钢圆管柱

φ250石材柱础保护

基础锚固件

φ100不锈钢圆管排水管接口

几何母题分析图

建筑生成层级

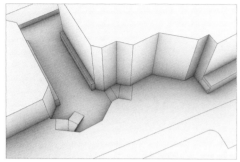

下沉庭院场地与接驳门斗

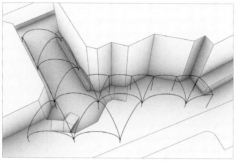

柱结构柱与拱（不锈钢）

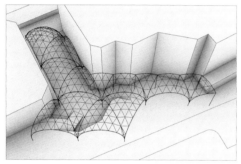

次级结构杆件（铝合金）

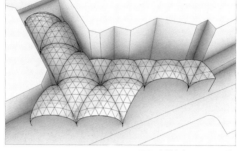

屋面材料（ETFE膜）

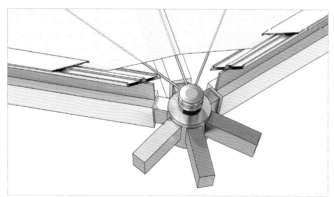

六边形单元标准节点

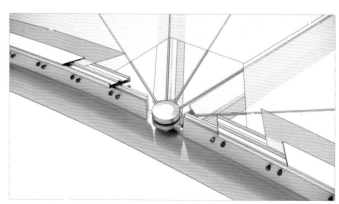

六边形单元边拱节点

设计随笔

科兴疫苗在对抗席卷全球的新冠病毒的战斗中做出了卓越的贡献。科兴公司也在疫情中不断扩大生产，通过收购和租赁厂房满足生产的需求。位于北京大兴的科兴天富疫苗厂区，就是由既有的生物医药园区改造而来。由于改造匆忙，园区整体环境缺陷较多，公司领导因此邀请我院多个团队参与到进一步的改扩建项目中。

经过调研，我们发现，由于疫苗生产昼夜进行，全员用餐都集中于一座24小时开放的集中食堂。食堂的主入口位于地下一层，面北开向办公楼与食堂之间狭长的下沉庭院。从北侧办公楼和西北侧车间来往食堂用餐的员工，在风雨中步履匆匆，快节奏地用餐后，却很难在厂区内找到舒适的可供户外休息和驻留的空间。

于是我们提出，在对周边生产办公不产生过大影响的前提下，进行局部轻介入的改造，为员工在通往食堂必经的下沉庭院处提供一个遮风避雨的、半室外的休闲活动场所。

项目的任务需求是减少对厂区正常生产生活的影响，需要工期短、现场作业少、噪声干扰小。业主对结果的期待是品质精良且具有品牌象征性。综合考虑这些因素，我们决定采用装配式的轻质棚架，覆盖下沉庭院，并延伸至办公楼入口，提供落客的风雨廊功能。

经过比较，我们选择球面体作为原型，原因是：第一，球体更接近生物细胞的自然形态，具备对业主品牌的象征价值；第二，球面对于矩形的既有厂房和厂区来讲具有不言自明的异质感；第三，最重要的是，球壳是最轻薄的获得跨度和面状覆盖的形式，但难点在于我们面临着更为复杂的场地环境。

我们的基地是一个下沉4m深、15m宽的窄缝。为了使球壳能

"嵌入"直线边界的剩余空间，需要寻求一种几何关系，衔接"球体"与直线边界。因此我们对直径约16m的球体在水平投影面上做60°等边的三次切削，将得到球面的一部分作为模块原型。该原型是中心对称的三维壳体。再将原型继续做60°切削，又得到两种更小的平面单元+侧向落地球面。大单元和小单元的组合带来立面天际线的丰富性，以及平面拼接、密合的灵活性。与此同时，球面上每一个空间杆的抽象长度和它们所形成的网格顶点的种类，都是十分有限的。这使得工业深化和加工可控。

下沉庭院的两侧边界，是北侧办公楼与南侧食堂形成的两条不完全平行的直线边界，东侧转角处有一些原有的建筑体量切削带来的破碎转角。几何体系首先实现了它在现实的空间缝隙中能够自由地"转弯"，基本上拟合了下沉庭院两侧的建筑边界，使风雨廊的庇护得以延展到办公楼和食堂的东侧入口。

轻质结构的核心之一是材料的谨慎选择。圆管立柱与跨度15m左右的圆管边拱组成主体受力结构。这一部分由于处在覆盖投影的边缘，部分会暴露在风雨环境中，需要较好的防腐耐候性能，结合高强和可精细加工的表观的需求，材料选择了双相不锈钢。不锈钢的焊接性能和可打磨的特性，可以解决小截面的圆形截面杆之间难以实现栓接节点的问题。铝合金则由于自身高轻、高强的特性，可以作为三角形单元拼接的装配式系杆材料，解决球壳的成形问题，覆以质量最小的防水构造——ETFE透明张拉膜——以减轻屋面构件的自重。

整个装置西起下沉庭院端头，东侧则跨越下沉庭院，覆盖至下沉庭院东侧较高的室外地坪。高低跨越复杂地形带来一个问题，即不锈

钢立柱的高度相差很大，低的柱子高度不到2m，高的则超过10m。柱子的截面自然产生很大的差异。我们采用张弦柱来消解这种差异，当柱高过大时，3组张拉钢索可以将10m多高的不锈钢立柱的截面减至100mm，从而与较矮的单立柱的截面完全协调。

次级结构利用铝合金型材截面加工的精细化特性，直接整合了张拉膜所依附的龙骨体系，使主体结构与膜结构复合为一层，整个体系简化至单纯，但也对结构误差的控制提出了更高的要求。

不只是围护构件，包括水、电、照明，所有依附在白色系统上的机电设备，都尽可能进行了整合，主体结构构件不断地并入附属系统的功能。例如，雨水利用立柱截面的管腔直接作为立管，强弱电管线同理，水、电分取若干立柱作为路由。泛光灯具也尽可能减少安装构件，将线型灯具的安装槽直接整合进铝合金结构型材的截面里。这个原则一方面达到了精简系统的目标，另一方面大幅度提高了管线综合和机电安装的精度。

大量工厂预加工与少量现场装配作业的结合，使这座构筑物从方案设计到施工落成，在全程低温作业的情况下，总计用时仅100多天。在膜拱下方植入绿植，春暖花开之后将呈现一个植物园一样的微环境。一座结构纤巧、装配迅速的构筑物，为沉闷的既有厂区改造注入一种绿色、轻盈的生活价值观。这个原型可以在各种不同尺度、不同形状的剩余空间里组合、拼装、蔓延，作为具有高度适应性的介入系统，未来还可以在其他既有园区的提升改造中发挥作用，推动老城区、老园区、老厂区、老校区的绿色低碳轻型改造模式，让城市的更新更为轻松，充满生机。

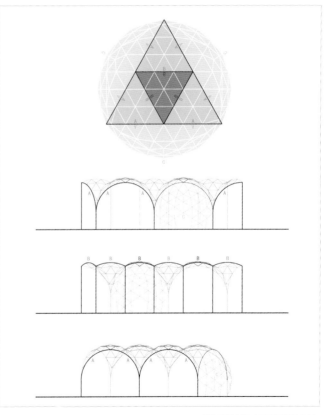

单元模块的立面多样化组合

后记

《本土设计Ⅳ》是有关绿色建筑方向的，之所以将其从本土设计的总框架中抽出来独立成篇，是为了响应当前国家的双碳战略目标。基于我们自"十三五"参加科学技术部"地域气候环境适应型绿色公共建筑设计新方法，关键技术及应用"的科研项目，五年多来，本土设计的创作全面地向绿色建筑设计方向扭转，取得了一系列研究和工程示范的阶段性成果，均收录于本书中。

为此我要感谢清华大学江亿院士、西安建筑科技大学刘加平院士的引导和支持，使我们建筑师开始有了主导绿色建筑创作的觉悟；我还要感谢在十三五科研项目中共同合作的清华大学张悦老师，林波荣老师，东南大学韩冬青大师，哈尔滨工业大学付本臣老师，西安建筑科技大学范征宇老师，华南理工大学倪阳大师，上海建筑科学研究院张宏儒总建筑师，以及中国建筑设计研究院孙金颖主任、于洁主任、景泉和郑世伟等建筑师，还有我的学术助理徐斌博士。大家的齐心协力和交流互动不仅使科研项目圆满完成，赢得各方面的好评，更全面地推动了我们在工程项目中开展绿色设计的工作，从前期策划到环境气候分析，从确立节俭绿色的价值观到一系列因地制宜的策略和方法，进而从布局到空间和形态以至到技术和材料的设计选项，都有了明确的方向，创作出一批面貌焕然一新的绿色建筑作品，我将其称为"绿色建筑新美学"。

我要特别感谢马来西亚著名建筑大师杨经文先生，他亦是世界上倡导绿色建筑的先驱之一。早年我在国内外多次听过他的精彩演讲，也曾拜访过他的事务所，参观过他的一些绿色建筑作品，受益匪浅。这次在作品集筹备当中，我试着发邮件给他，介绍了部分我的作品和想法，冒昧地提出可否请他为此书作序。其时还在疫情之中，我不知道杨先生的近况，更不知道他是否能答应我这位远在中国、久未联系的朋友的冒昧请求，令我没想到是几天以后我便收到他的邮件，十分肯定地答应作序，并且为了更多地了解我的想法，还提出了许多具体的问题让我回复。几次邮件往复，他基于这个问答的交流整理成本书的序言，其严谨的态度、热情的建议、悉心的指引让我激动不已，感恩不尽！

另外我还想借此机会感谢那些支持我们绿建创作的业主、领导和合作伙伴们，因为种种原因我无法一一提到他（她）们的名字，但我内心的感激之情、友谊之情将长久地珍藏！

绿色生态是人类共同关心的命题，绿色建筑既要尊重和保护生态环境，也要营造人们喜爱的绿色生活的场所空间，这有赖于更多的业主和同行们转变理念和价值判断，在更大的范围，更快地推进城乡建筑绿色化的进程，而这也是我们对国家的双碳目标所能做出的应有贡献。让我们为此共勉！

崔愷

2023年7月

EPILOGUE

Land-based Rationalism IV is a book focusing on green architecture. It was published as an individual volume besides previous volumes of Land-based Rationalism under the background of carbon peaking & neutrality goals of China. Our team carried out the research project of "New Methods, Key Technologies, and Applications of Green Public Building Design Adapted to Regional Climate and Environment" funded by the Ministry of Science and Technology during the 13th Five-Year Plan period. Architectural practice of Land-based Rationalism has fully shifted its focus towards green architectural design in the past five years, with outcomes of our research and practices included in this book.

I would like to thank Academician JIANG Yi from Tsinghua University and Academician LIU Jiaping from Xi'an University of Architecture and Technology for their guidance and support, which encouraged us to take the lead in green design as architects. I would also like to express my gratitude to Professor ZHANG Yue and Professor LIN Borong from Tsinghua University, Master HAN Dongqing from Southeast University, Professor FU Benchen from Harbin Institute of Technology, Professor FAN Zhengyu from Xi'an University of Architecture and Technology, Master NI Yang from South China University of Technology, Chief Architect ZHANG Hongru from Shanghai Research Institute of Building Sciences, as well as Director SUN Jinying and Director YU Jie from CCTC, Architects JING Quan and ZHENG Shiwei from CADG, as well as Dr. XU Bin, my academic assistant. With our concerted efforts and communication, we not only successfully completed the research project and gained recognition from various groups, but also promoted green design in projects comprehensively: we have made clear our directions in various aspects, from early-stage planning to environmental climate analysis, from establishing the value of frugality and sustainability to adapting land-based strategies and methods, from layout design to space and form, as well as making choices in technology and materials, thus creating a series of green projects that had taken on a new outlook, presenting what I describe as "New Aesthetics of Green Architecture".

I would like to specially thank Mr. Ken YEANG, a renowned architect from Malaysia and a pioneer of green architecture in the world. I have attended some of his wonderful lectures in China and abroad for many times, and I have also visited his office and some of his green projects, learning a lot from him. During the preparation phase of this book, I sent him an email to introduce my works and ideas, I ventured to ask him for a preface of this book. At that time, the Pandemic was still prevailing across the world, and I had no idea about Mr. Yang's recent situation, let alone whether he would agree to this bold request from a long-lost friend in China. To my surprise, I received his reply in just a few days, and he affirmatively agreed to write the preface. In order to better understand my design ideas, he also raised many specific questions for me. After several email exchanges, he presented the preface based our exchanges of opinions. During this process, his rigorous attitude, enthusiastic suggestions, and thoughtful guidance have made me extremely excited and grateful.

I would also like to take this opportunity to thank my clients, leaders, and partners who have supported our green architectural practices. Due to various reasons, I cannot list each of their names here, but I am always very grateful for their help, and our friendship will be cherished forever.

Sustainability is a topic of common concern for mankind. Green architecture not only involves respect and protection for the ecological environment, but also means creating attractive spaces that encourages green lifestyles. To promote sustainability of buildings at a larger scale and a faster pace, new concepts and value judgement should be accepted by clients and colleagues. I hope we can encourage each other in this endeavor and create a better future.

CUI Kai

July, 2023